Hartmut Laufer

Grundlagen erfolgreicher Mitarbeiterführung

Wir übernehmen Verantwortung! Ökologisch und sozial!

- Verzicht auf Plastik: kein Einschweißen der Bücher in Folie
- Nachhaltige Produktion: Verwendung von Papier aus nachhaltig bewirtschafteten Wäldern, PEFC-zertifiziert
- Stärkung des Wirtschaftsstandorts Deutschland: Herstellung und Druck in Deutschland

Hartmut Laufer

Grundlagen erfolgreicher Mitarbeiterführung

Führungspersönlichkeit
Führungsmethoden
Führungsinstrumente

20. Auflage

Externe Links wurden bis zum Zeitpunkt der Drucklegung des Buches geprüft. Auf etwaige Änderungen zu einem späteren Zeitpunkt hat der Verlag keinen Einfluss. Eine Haftung des Verlages ist daher ausgeschlossen.

Bibliografische Information der Deutschen Nationalbibliothek

Die Deutsche Nationalbibliothek verzeichnet diese Publikation in der Deutschen Nationalbibliografie; detaillierte bibliografische Daten sind im Internet über http://dnb.d-nb.de abrufbar.

ISBN 978-3-89749-548-7

Lektorat: Christiane Martin, Köln
Umschlaggestaltung: Buddelschiff, Stuttgart | www.buddelschiff.de
Umschlagfoto: ©iStockphoto.com/pixelfit
Satz und Layout: Lohse Design, Heppenheim | www.lohse-design.de
Druck und Bindung: Salzland Druck, Staßfurt

20. Auflage 2023

Wir drucken in Deutschland.

www.gabal-verlag.de
www.gabal-magazin.de
www.facebook.com/Gabalbuecher
www.twitter.com/gabalbuecher
www.instagram.com/gabalbuecher

PEFC zertifiziert
Dieses Produkt stammt aus nachhaltig
bewirtschafteten Wäldern und kontrollierten
Quellen.

www.pefc.de

Inhalt

Müssen Sie dieses Buch lesen?

Lesehilfe Ob Sie Ihre kostbare Zeit trotz der zunehmenden Digitalisierung der Arbeitsprozesse in das Lesen dieses Buchs investieren sollten, können natürlich nur Sie selbst entscheiden. Um Ihnen jedoch die Entscheidung zu erleichtern, ein paar Gedanken vorweg, inwiefern es Ihnen hilfreich sein könnte. Nämlich an wen sich die Inhalte richten und auf welchen Erfahrungen sie basieren.

Literaturangebot zur Führungslehre Die vielen Bücher, die zu Fragen der Mitarbeiterführung geschrieben wurden, lassen sich in drei Kategorien einteilen.

- Wissenschaftliche Bücher behandeln die Führungsproblematik meist sehr umfassend. Im Interesse wissenschaftlicher Wahrhaftigkeit setzen sie sich ausführlich mit allem Für und Wider auseinander. Sie erfordern damit einen entsprechenden Leseaufwand, geben dem Praktiker jedoch nicht immer direkt umsetzbare Handlungsempfehlungen. Für die Wissenschaft und Lehre sowie für wissenschaftlich orientierte Leser haben diese Bücher aber selbstverständlich ihre Berechtigung.
- Unterhaltsame oder provozierende Bücher verzichten auf wissenschaftliche Präzision und wollen in erster Linie zum Nachdenken anregen oder einfach nur Aufmerksamkeit wecken. Manchmal soll die gewünschte Aufmerksamkeit allerdings vorrangig dem Bekanntheitsgrad des Autors und der Auflagenhöhe seines Buchs dienen. Zu diesem Zweck werden gelegentlich Antithesen um jeden Preis aufgestellt oder kritiklos aktuelle Modetrends bedient. Ihre mitunter auch völlig abwegigen Aussagen sollen dazu

verhelfen, dass die Autoren in publikumswirksame Fernseh-Talk-shows eingeladen werden oder in Zeitschriften-Artikeln interviewt werden.

Praxisbücher vermitteln Erfahrungen aus dem Führungsalltag und geben dazu die grundlegenden theoretischen Erklärungen. Sie vereinfachen zu Gunsten verständlicher Darstellungen und praxisbezogener Handlungsmuster. Sie wollen vor allem ein tragfähiges Basiswissen vermitteln sowie realistische Überzeugungen wecken, um zur Verhaltenssicherheit und Glaubwürdigkeit in der Führungsrolle beizutragen.

Das vorliegende Buch richtet sich an Leser, die sich sowohl im Interesse des Unternehmens- und persönlichen Führungserfolgs als auch der Mitarbeiterbelange mit den ökonomischen sowie sozialen Praxisproblemen der Mitarbeiterführung auseinandersetzen wollen. Es ist für Leser gedacht, die Erklärungen für die typischen Verhaltensweisen von Geführten suchen und bewährte, erfolgsorientierte Methoden sowie Instrumente der Führungslehre umfassend, aber dennoch in komprimierter Form kennenlernen wollen. Es kann sich dabei sowohl um Nachwuchskräfte handeln, die sich auf Führungsaufgaben vorbereiten, aber auch erfahrene Praktiker, die ihr Methodenrepertoire erweitern, ihr intuitives Führungsverhalten theoretisch untermauern und eventuelle Zweifel ausräumen wollen.

Zielgruppe dieses Buches

Über drei Jahrzehnte war ich selber in verschiedenartigen Führungspositionen tätig. Als Bauleiter eines Großbauvorhabens ebenso, wie als Abteilungsleiter einer Bank. Nach eigener fachlicher und pädagogischer Weiterbildung widmete ich mich schon früh der Führungskräfteentwicklung. Zunächst als nebenberufliche Lehrkraft in Unternehmen, Akademien und Hochschulen, später hauptberuflich als Trainer, Bildungsmanager und Fachautor.

Erfahrungshintergrund

Insbesondere die Jahre meiner nebenberuflichen Trainertätigkeiten boten mir reichlich Gelegenheiten, die Managementtheorien mit der Führungspraxis zu vergleichen. Diese ständigen Rückkopplungen verhalfen mir zu einer praxisorientierten Führungsphilosophie und ließen mich eine Reihe eigener Führungstechniken und Darstellungsweisen entwickeln. Auch die manchmal kontroversen Teilnehmerdiskussionen in meinen Führungsseminaren gaben mir hierzu immer wieder nützliche Denkanstöße.

… und nun? Wenn Sie jetzt immer noch weiterlesen wollen, dann kann Ihnen das Buch bestimmt so manchen persönlichen Nutzen bieten – für Ihren Erfolg als Führungskraft, aber auch für den zwischenmenschlichen Umgang in anderen Lebenslagen.

Ich freue mich, dass Sie mir ihre Aufmerksamkeit schenken und werde versuchen, mich mit einigen Bausteinen für Ihren Führungserfolg zu revanchieren. Wenn Sie es wünschen, dass ich Ihnen auch über dieses Buch hinaus mit Rat und Tat behilflich bin, so können Sie sich gerne mit mir in Verbindung setzen. Beispielsweise, wenn Sie an den elektronischen Dateien der Arbeitshilfen gemäß Anhang interessiert sind.

Der Autor

Kontaktmöglichkeit Dipl.-Ing. Hartmut Laufer
MENSOR Institut für Managemententwicklung
10787 Berlin, Stülerstr. 4
Tel.: (0 30) 2 62 96 40, Fax: (0 30) 2 62 59 77
E-Mail: hartmutlaufer@t-online.de
Website: www.mensor.de

Einige hilfreiche Lesehinweise

Layout

Um Ihnen ein zügiges Lesen und das Auffinden bestimmter Inhalte zu erleichtern, sind die wichtigsten Sinngegenstände durch Marginalien am Seitenrand herausgehoben.

Marginalien

Zusammenfassende Kernaussagen sind fett gedruckt und mit einem Ausrufezeichen versehen.

Texte in grau hinterlegten Kästen sind Sinnsprüche bzw. kleine Weisheiten.

Sprache

Im Interesse des Leseflusses habe ich darauf verzichtet, bei Personen stets beide sprachlichen Geschlechter zu nennen. Mit dem Mitarbeiter (als Gattungsbegriff) meine ich auch die weiblichen Beschäftigten und die Führungskraft kann biologisch gesehen natürlich auch ein Wesen männlichen Geschlechts sein.

Arbeitshilfen

An einigen Textstellen verweise ich auf Arbeitsmaterialien, die Sie unter „Arbeitshilfen" am Schluss des Buchs finden. Es sind Übersichten, Checklisten, Leitfäden oder Formblätter, die Sie sich bei Bedarf auch kopieren können (ggf. vergrößert), um sie in der Praxis einzusetzen bzw. jederzeit zur Hand zu haben. Ich habe diese Anordnung gewählt, damit Ihr Lesefluss nicht durch platzaufwendige Darstellungen unterbrochen wird, Sie diese bei Interesse aber dennoch schnell auffinden können.

Wenn Sie es wünschen, schicke ich Ihnen gerne kostenlos die entsprechenden Word-Dateien. Schreiben Sie einfach eine E-Mail mit den gewünschten Seitennummern an die Adresse institut@mensor.de.

1. Mitarbeiter-
führung heute

Mitarbeiterführung als Qualitätskriterium erfolgreicher Unternehmen

Unter den derzeitigen Marktbedingungen – also einem Markt mit wachsendem Angebot, aber eher sinkender Nachfrage – können Unternehmen langfristig nur dann überleben, wenn sich ihre Leistungsangebote an den Kundenwünschen orientieren. Die Kunden sind es schließlich, die das Geld bringen und dem Unternehmen die Geschäftsgrundlage sichern.

Wichtigstes Kriterium: Kundenzufriedenheit

Was aber sind die entscheidenden Voraussetzungen für die Zufriedenheit der Kunden? Zum einen erwarten die Kunden attraktive Produkte mit einem günstigen Preis-Leistungs-Verhältnis, zum anderen – und das gilt natürlich insbesondere für den Dienstleistungsbereich – möchten sie zuvorkommend behandelt werden. Ob ein Unternehmen diese Voraussetzungen schaffen kann, hängt letztlich von seinen Beschäftigten ab, denn

- attraktive Waren- und Leistungsangebote lassen sich nur mit kreativen Mitarbeitern entwickeln,
- preisgünstige Angebote sind nur bei hoher Produktivität und somit hoher Leistungsbereitschaft der Mitarbeiter möglich,
- eine hohe Produkt- bzw. Leistungsqualität setzt die Gewissenhaftigkeit und Sorgfalt der Mitarbeiter voraus und
- wie sich die Kunden behandelt fühlen, hängt in erster Linie vom Engagement und von der Freundlichkeit der Mitarbeiter ab.

Weiteres Kriterium: Mitarbeiter- zufriedenheit Derartige Einstellungen und Arbeitshaltungen sind naturgemäß von der Zufriedenheit der Mitarbeiter selbst abhängig. Ein Mitarbeiter, der sich ständig unter Druck gesetzt fühlt, wird wohl kaum seine Kreativität optimal entfalten können. Wer sich schikaniert fühlt, wird möglicherweise sogar aus Trotz nachlässig arbeiten. Einem Mitarbeiter, der sich ständig mit seinem Vorgesetzten herumärgert, wird es schwer fallen, sich einem Kunden gegenüber verständnisvoll und freundlich zu verhalten. Freundlichkeit hat nun mal etwas mit Freude zu tun, und wer keinen Grund zur Freude hat, vermittelt auch keine.

> Kundenzufriedenheit ist in erster Linie eine Funktion der Mitarbeiterzufriedenheit.

Letztlich geht es stets um Menschen und deren Gefühle. Immer wieder lässt sich daher folgende Ursache-Wirkungs-Kette beobachten: So wie eine Unternehmensleitung mit den Führungskräften umgeht, so behandeln diese ihre Mitarbeiter und so verhalten sich die Mitarbeiter schließlich gegenüber den Kunden!

Ganzheitliche Qualitätssicherung Das Europäische *Modell für Business Excellence*[1]), kurz *EFQM-Modell*[2]) genannt, veranschaulicht diese Zusammenhänge. Es ist ein ganzheitliches Modell der Qualitätssicherung in Unternehmen und basiert auf den drei Säulen des Total Quality Management (TQM):

Menschen	Prozesse	Ergebnisse

Fußnote [1]) Business Excellence: etwa „geschäftliche Spitzenleistung"
Fußnote [2]) EFQM: European Foundation for Quality Management

Die nachstehende Grafik verdeutlicht, welchen Stellenwert die personenbezogenen Qualitätsmerkmale im EFQM-Modell haben: Mit 20 % erreicht das Kriterium Kundenzufriedenheit den mit Abstand höchsten Anteil an der Qualität des Gesamtsystems. Aber auch den anderen personenbezogenen Kriterien Mitarbeiterorientierung und Mitarbeiterzufriedenheit wird mit insgesamt 18 % ein hoher Stellenwert zugemessen.

Mittel und Wege

Kriterium 1 (10 %)
Führung

Kriterium 2a (9 %)	Kriterium 2b (8 %)	Kriterium 2c (9 %)
Mitarbeiter-orientierung	**Politik und Strategie**	**Ressourcen und Partnerschaften**

Kriterium 3 (14 %)
Betriebsprozesse

Ergebnisse

Kriterium 4a (9 %)	Kriterium 4b (20 %)	Kriterium 4c (6 %)
Mitarbeiter-zufriedenheit	**Kunden-zufriedenheit**	**Zufriedenheit der Öffentlichkeit**

Kriterium 5 (15 %)
Geschäftsergebnisse

Das EFQM-Qualitätssicherungsmodell

Auswirkungen der Führungskultur

Gleichzeitig verdeutlicht das Modell, wie sehr sich die Art der Menschenführung auf den Gesamterfolg eines Unternehmens auswirkt. Es zeigt, dass die Zufriedenheit der Mitarbeiter maßgeblich davon abhängt, inwieweit sich die Führungskräfte nicht nur den zweifellos wichtigen Sachfragen des Betriebsprozesses widmen, sondern sich auch um die Belange ihrer Mitarbeiter kümmern. Da sich deren Zufriedenheit auf die Kunden überträgt, schlägt sich eine mitarbeiterorientierte Führung in der Folge über die Kundenzufriedenheit in den Geschäftsergebnissen nieder.

Auch die Qualitätsnorm DIN ISO 9000, die in ihrer ursprünglichen Fassung nur den Produktionsprozess im engeren Sinne betrachtete, wurde mittlerweile dahin gehend geändert, dass auch sie die Kundenzufriedenheit und Mitarbeiterorientierung als wesentliche Qualitätskriterien in den Vordergrund stellt. Beide Qualitätssicherungsinstrumente unterstreichen somit die Bedeutung der beteiligten Menschen für die Geschäftsergebnisse des Unternehmens.

Eine betriebswirtschaftlich gut durchdachte Konzeption und Organisation ist zwar alles, aber ohne engagierte Mitarbeiter ist das alles nichts!

Schaffen es die Führungskräfte nicht, ihre Mitarbeiter von den unternehmerischen Zielvorstellungen zu überzeugen, werden sich die Mitarbeiter weder mit ihren Arbeitsaufgaben noch mit dem Unternehmen als Ganzes identifizieren. Aber nur dann ist echtes Engagement von ihnen zu erwarten. Schließlich sind es stets die Menschen, von denen die theoretischen Konzepte umgesetzt und mit Leben erfüllt werden. Andernfalls bleiben auch noch so intelligente Planungen nur beschriebenes Papier.

Leitungs- und Führungsaufgaben im Managementprozess

Begriffsdefinitionen Das Wort „managen" kommt vom lateinischen *manus* = die Hand und bedeutet demzufolge „handhaben" (z. B. etwas „manuell" verrichten). In der Managementlehre ist es im

16

Sinne von bewerkstelligen, unternehmen, durchführen zu verstehen.

Das „Management" ist somit die Gesamtheit des Organisierens und Voranbringens eines Vorhabens oder Unternehmens.

In der deutschen Sprache verwenden wir anstelle von „managen" die Begriffe „leiten" oder „führen". Sie werden allerdings oft wahllos benutzt, obwohl sie genau genommen unterschiedliche Sachverhalte benennen:

  Leiten bezeichnet das sachbezogene verantwortliche Umgehen mit einem System bzw. einer Organisation.
  Führen hingegen steht für das Umgehen mit den in einer Organisation tätigen Menschen.

Daher ist es sinnvollerweise üblich, „Abteilungs*leitung*" und „Menschen*führung*" statt „Abteilungs*führung*" und „Menschen*leitung*" zu sagen.

„Mitarbeiterführung" bedeutet, Mitarbeitern die Orientierung auf die Arbeitsziele zu geben sowie sie auf dem Weg dorthin zu ermutigen und zu unterstützen.

Vergleichbar mit dem Berg*führer,* der im Auftrage der Fremdenverkehrs*leitung* Wanderer zum Gipfel *führt.* Obwohl die Begriffe in der Praxis nicht immer trennscharf verwendet werden, sollte man sich bemühen, das jeweils zutreffende Wort zu benutzen.

Als einen „Managementprozess" kann man sowohl ein Projekt oder einen Arbeitsablauf als auch eine Organisation bzw. ein Unternehmen bezeichnen. Typischerweise durchläuft ein

**Management-
prozess**

17

Managementprozess fünf Phasen, aus denen entsprechende Leitungs- und Führungsaufgaben resultieren.

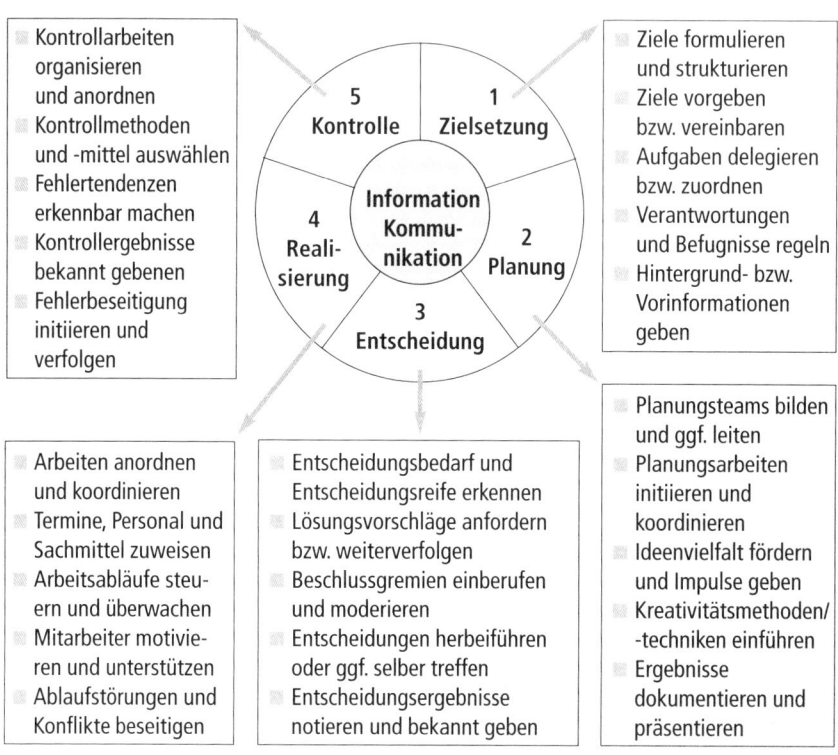

Kontrollarbeiten organisieren und anordnen
Kontrollmethoden und -mittel auswählen
Fehlertendenzen erkennbar machen
Kontrollergebnisse bekannt gebenen
Fehlerbeseitigung initiieren und verfolgen

5 Kontrolle
1 Zielsetzung
4 Reali- sierung
Information Kommu- nikation
2 Planung
3 Entscheidung

Ziele formulieren und strukturieren
Ziele vorgeben bzw. vereinbaren
Aufgaben delegieren bzw. zuordnen
Verantwortungen und Befugnisse regeln
Hintergrund- bzw. Vorinformationen geben

Arbeiten anordnen und koordinieren
Termine, Personal und Sachmittel zuweisen
Arbeitsabläufe steuern und überwachen
Mitarbeiter motivieren und unterstützen
Ablaufstörungen und Konflikte beseitigen

Entscheidungsbedarf und Entscheidungsreife erkennen
Lösungsvorschläge anfordern bzw. weiterverfolgen
Beschlussgremien einberufen und moderieren
Entscheidungen herbeiführen oder ggf. selber treffen
Entscheidungsergebnisse notieren und bekannt geben

Planungsteams bilden und ggf. leiten
Planungsarbeiten initiieren und koordinieren
Ideenvielfalt fördern und Impulse geben
Kreativitätsmethoden/ -techniken einführen
Ergebnisse dokumentieren und präsentieren

Ständige Information und Kommunikation — Im Interesse einer reibungslosen Zusammenarbeit haben alle Führungskräfte dafür zu sorgen, dass sich die Beteiligten während des gesamten Prozesses miteinander abstimmen. Daraus resultiert für alle Phasen das Sicherstellen von Information und Kommunikation als eine weitere und permanente Führungsaufgabe.

Betrachtet man die verschiedenen Prozessphasen im Einzelnen, so stellen diese wiederum interne Managementkreise dar: Zum Beispiel hat auch die Kontrollabteilung ihre eigenen Zielsetzungen, muss auch die Kontrolle geplant, realisiert und schließlich kontrolliert werden.

Die Aufbauorganisation vieler Unternehmen ist entsprechend der Logik des Managementkreises gegliedert, weshalb man auch das Unternehmen selber als einen Managementprozess bezeichnen kann.

Diese unterschiedlichen Führungsaufgaben, die von den Verantwortlichen der einzelnen Prozessphasen bzw. Unternehmensbereiche wahrzunehmen sind, erfordern naturgemäß auch unterschiedliche Führungsfähigkeiten (siehe auch Kapitel 2 „Führen kann man lernen"). Daher ist jeder angehenden Führungskraft dringend zu raten, es sich schon beizeiten bewusst zu machen, welche Anforderungen ein angestrebter Führungsposten stellt. Es will reiflich überlegt sein, ob man tatsächlich die richtigen Voraussetzungen hinsichtlich der erforderlichen Führungskompetenzen mitbringt, ob die Aufgabe den persönlichen Neigungen und Stärken entspricht und welche Defizite man durch gezielte Weiterbildung rechtzeitig ausgleichen sollte und könnte.

Bei Karriereplanung berücksichtigen!

Viele Menschen sind in ihrem gesamten Berufsleben unzufrieden, weil sie bei der Wahl ihres Berufswegs einmal eine Fehlentscheidung getroffen und diese auch später nie revidiert haben.

Unter den Folgen derartiger Fehleinschätzungen leiden nicht nur die Betreffenden selber, sondern auch die von ihnen geführten Mitarbeiter und das gesamte Umfeld. Und das Leiden endet nicht einmal mit dem Ausscheiden aus dem Arbeitsleben: Wer im Ruhestand auf ein unerfülltes Berufsleben zurückblickt, den verfolgt die Unzufriedenheit sogar bis in den Lebensabend!

19

Erfolgreiches Führen –
heute schwieriger denn je

Ursachen Erfahrene Führungspraktiker werden bestätigen, dass es während der letzten Jahrzehnte zunehmend schwieriger geworden ist, Mitarbeiter zu optimalen Arbeitsleistungen und einer loyalen Haltung gegenüber dem Unternehmen zu führen. Das dürfte vier Hauptursachen haben:

komplexere, sich schnell
ändernde Arbeitsprozesse

sich wandelnde
Wertvorstellungen

**Führungserschwernisse
der letzten Jahrzehnte**

geändertes Mitarbeiter-
selbstverständnis

wachsende
Führungsbereiche

Ursache Nr. 1

Schneller Wandel Die Arbeitsaufgaben und -anforderungen sind wesentlich vielfältiger und komplexer geworden und sind einem schnelleren Wandel unterworfen denn je. Innerhalb kurzer Zeitspannen werden neue Verfahren und Technologien entwickelt, ändern sich ganze Berufsbilder und entstehen völlig neue. Fachwissen veraltet immer schneller.

Demzufolge können Führungskräfte heutzutage nicht mehr alle Fachdetails beherrschen, sondern sind auf das aktuellere

20

Fachwissen ihrer spezialisierten Mitarbeiter und frisch ausgebildeten Nachwuchskräfte angewiesen.

Ursache Nr. 2

Während der letzten Jahrzehnte hat der Stellenwert von Arbeit in den allgemeinen Wertvorstellungen im Vergleich zu Freizeit, Familie und Hobby kontinuierlich abgenommen. Selbst Topmanager sehen heute nicht mehr den alleinigen Sinn ihres Lebens im beruflichen Erfolg.

Wer sich heutzutage als Führungskraft darauf beschränkt, permanent an das Pflichtbewusstsein seiner Mitarbeiter zu appellieren, wird daher nur noch milde belächelt. Begriffe wie Selbstverwirklichung, persönliches Wachstum oder Lebensqualität haben heute einen weit höheren Stellenwert in der Werteskala der Menschen. Diese Realitäten zu ignorieren führt zu einem wirklichkeitsfremden Führungsverhalten und zu unwirksamen Führungsmaßnahmen. Vielmehr gilt es, den aus diesen aktuellen Wertvorstellungen resultierenden Mitarbeiterbedürfnissen Rechnung zu tragen, sie als Gegebenheiten zu akzeptieren und die eigene Führungsstrategie darauf aufzubauen.

Ursache Nr. 3

Die Demokratisierung von Staat und Gesellschaft, persönlichkeitsfördernde Erziehungsmethoden, höhere Bildungsabschlüsse und eine verbesserte wirtschaftliche Absicherung haben ein geändertes Selbstverständnis der Mitarbeiter wachsen lassen. Die Mitarbeiter sind entsprechend selbstbewusster geworden und beanspruchen mehr persönliche Rechte.

Will man als Führungskraft nicht wirklichkeitsfremd operieren, kommt man nicht umhin, die Selbstwertgefühle seiner Mitarbeiter wesentlich stärker zu beachten, als dies in früheren Jahrzehnten erforderlich war.

Wertewandel

Mehr Selbstbewusstsein

Ursache Nr. 4

Um ihre Kosten zu senken, haben die meisten Unternehmen auch die Zahl der Führungskräfte reduziert und teilweise ganze Führungsebenen eingespart. Mit der Folge, dass die Führungsspannen, d. h. die Zahlen der unmittelbar nachgeordneten Mitarbeiter, entsprechend größer geworden sind. Und obwohl dadurch auch die fachlichen Anforderungen eher gestiegen sind, kann sich ein Vorgesetzter seinen einzelnen Mitarbeitern heute nicht mehr so intensiv widmen wie früher. Er muss zwangsläufig seinen Zeitaufwand für Anweisungen und Kontrollen reduzieren.

Die Konsequenz: Führungskräfte sind heute in einem weit höheren Maß vom guten Willen und der Zuverlässigkeit der Mitarbeiter abhängig, als dies in früheren Generationen der Fall war.

Nie waren die Anforderungen an die soziale Kompetenz beim Führen von Mitarbeitern so hoch wie heute.

Führungsauftrag und Führungsziele

Trotz der zuvor geschilderten Erschwernisse wird von Führungskräften nach wie vor erwartet, dass sie für optimale Arbeitsleistungen ihrer Mitarbeiter sorgen, um die Wettbewerbsfähigkeit des Unternehmens zu gewährleisten. Die logische Schlussfolgerung:

Unter den heutigen Bedingungen muss es oberstes Ziel sein, Mitarbeiter zu unternehmerischem Denken und selbstständigem Arbeiten zu führen.

Diese Arbeitshaltung kann bei Mitarbeitern keineswegs als selbstverständlich vorausgesetzt werden. Frühere Lebenserfahrungen haben häufig zu andersartigen Einstellungen und Arbeitsgewohnheiten geführt. Es bedarf daher einer zielbewussten und einfühlsamen Führung, damit Mitarbeiter die gewünschte Arbeitshaltung und die notwendigen Fähigkeiten entwickeln. Dabei ist Geduld und Ausdauer erforderlich. Wer ehrlich gegen sich selbst ist, weiß, wie schwer es ist, selbst eigene Verhaltensgewohnheiten und Anschauungen zu verändern. Wie ungleich schwerer ist es dann, dies bei anderen zu bewirken!

Anzustrebender Mitarbeitertyp

Der Autor hat in seinen Seminaren unzählige Führungskräfte unterschiedlichster Wirtschafts- und Verwaltungsbereiche dahin gehend befragt, welchen Mitarbeitertyp sie benötigen, um die heutigen Arbeitsaufgaben erfüllen zu können. Immer wieder wurden dabei mehrheitlich die nachstehenden Merkmale genannt:

- *allgemeine Geisteshaltung:* Flexibilität, Selbstbewusstsein, Aufgeschlossenheit, kritisches (Mit-)Denken, Kreativität, Individualismus, ganzheitliches Denken, Entscheidungsfreudigkeit, Optimismus, positives Denken, Risikobereitschaft
- *Arbeitshaltung:* Verantwortungsbereitschaft, Zuverlässigkeit, Loyalität, Selbstständigkeit, Eigeninitiative, Sorgfalt, Genauigkeit, Identifikation mit der Aufgabe, Qualitätsbewusstsein, Zielstrebigkeit/-orientiertheit, Kostenbewusstsein, Motivation, Engagement, Problembewusstsein, Leistungsbereitschaft, Kundenorientiertheit
- *Sozialverhalten:* Ausgeglichenheit, Offenheit, Aufrichtigkeit, Kooperationsbereitschaft, Objektivität, Teamfähigkeit, konstruktive Konfliktfähigkeit, Hilfsbereitschaft, Kollegialität, Kompromissbereitschaft, aktive/passive Kritikfähigkeit, Kundenfreundlichkeit, Menschlichkeit, Fairness, Umgangsformen, Höflichkeit

berufliche Eignung: qualifizierte Ausbildung, Lernfähigkeit, Fachkompetenz, fachliche Vielseitigkeit, Berufserfahrung, körperliche/psychische Belastbarkeit, Lern-/Bildungsbereitschaft, stabile Gesundheit

Traditionelle Vorgesetztenerwartungen

Hätte man noch Mitte des 20. Jahrhunderts Vorgesetzten die gleiche Frage gestellt, hätten diese mit Sicherheit andere Mitarbeitermerkmale bevorzugt. Es wären vor allem Eigenschaften wie Gehorsam, Fleiß, Ordnung, Höflichkeit, Pünktlichkeit und Ehrlichkeit genannt worden.

Aktuelle Führungsmaßstäbe

Das soll nun keinesfalls besagen, dass diese Persönlichkeitsmerkmale heute bedeutungslos geworden sind oder gar als Untugenden gelten. Auch heute wird ein Vorgesetzter Wert darauf legen, dass seine Mitarbeiter pünktlich zur Arbeit erscheinen und am Arbeitsplatz Ordnung halten. Doch werden Ordnung und Pünktlichkeit – sieht man von ausgesprochen diffizilen oder zeitabhängigen Tätigkeiten ab – nicht mehr als entscheidende Tugenden für den Arbeitserfolg gesehen.

Alle Führungsaktivitäten sind daran zu messen, inwieweit sie das Entwickeln der heutzutage benötigten Mitarbeitereinstellungen und -fähigkeiten eher fördern oder verhindern.

Das gilt nicht nur für das Unternehmensinteresse, sondern auch für den eigenen Führungserfolg und die Effektivität des persönlichen Energieeinsatzes. Sinngemäß sollte dieser Grundsatz natürlich auch für die gesamte Führungskultur im Unternehmen gelten!

Grenzen der Mitarbeiterführung im modernen Management

Mitarbeiterführung muss zwar Verhaltensänderungen be-wirken, hat jedoch hinsichtlich ihrer Einflussnahme auf die individuelle Persönlichkeit des einzelnen Mitarbeiters auch ihre Grenzen.

Mitarbeiter-persönlichkeit respektieren

Im Sinn einer zeitgemäßen Führungsphilosophie ist das Führen von Mitarbeitern trotz unverzichtbarer Einfluss-nahme auf deren Verhalten nicht als Erziehungsmaßnah-me im Sinne der Pädagogik zu verstehen, geschweige denn als therapeutisches Anliegen.

Schließlich hat man es mit erwachsenen, mündigen Men-schen zu tun, die sich lediglich im Rahmen eines gleichbe-rechtigten Vertragsverhältnisses dazu verpflichtet haben, dem Unternehmen gegen Bezahlung ihre Arbeitsleistung zur Verfügung zu stellen.

Genauso wenig jedoch darf Mitarbeiterführung ideologisch geprägt das alleinige Ziel verfolgen, einseitig dem Wohl der Mitarbeiter zu dienen. In einem Wirtschaftsunternehmen ist es unerlässlich, im Zweifel den ökonomischen Belangen den Vorrang zu geben. Sie alleine sichern allen Beteiligten die Handlungsgrundlage. Andererseits sind die unternehmeri-schen Sachziele nur dann zu erreichen, wenn auch die Ge-fühle der daran beteiligten Menschen mit all ihren Stärken und Schwächen respektiert werden.

Ideologische Grenzen

Zu den Fähigkeiten einer geschickten Führungskraft gehört somit, die Leistungs- und die soziale Gerechtigkeit im Inte-resse eines optimal funktionierenden Gesamtsystems sinn-voll gegeneinander abwägen zu können. Es gilt dafür zu

Führungsgeschick

sorgen, dass sowohl die wirtschaftlichen Interessen des Unternehmens, die Bedürfnisse der Mitarbeiter, aber auch die Belange der Führungskraft selbst angemessen und situationsgerecht zur Geltung kommen.

Die vorrangigen Aufgaben einer Führungskraft bestehen nach heutigem Verständnis darin, durch Einarbeitung, Beratung und Fortbildung die aufgabenrelevanten Fähigkeiten der Mitarbeiter weiterzuentwickeln sowie durch Vorbild, Überzeugungsarbeit und Leistungsanreize dafür zu sorgen, dass die Mitarbeiter ihre Fähigkeiten nach besten Kräften erfolgsorientiert einbringen und sich im Gruppenprozess konstruktiv verhalten.

Es ist unerheblich, wenn ein Mitarbeiter andere Weltanschauungen oder Wertvorstellungen als sein Vorgesetzter vertritt und wie er sein Privatleben gestaltet. Entscheidend ist, dass er uneingeschränkt am Erreichen der Arbeitsziele mitwirkt und nicht das Ansehen der Firma beschädigt.

Es ist nicht die Aufgabe der Führungskraft, Mitarbeiter in ihrem Wesen dauerhaft zu verändern. Es gilt lediglich, sie zu einem am Unternehmensinteresse orientierten Verhalten am Arbeitsplatz zu befähigen und zu veranlassen.

2. Führen kann man lernen

Merkmale der Führungspersönlichkeit

Die Ansichten darüber, was eine erfolgreiche, oder vielleicht besser gesagt: wirkungsvolle Führungspersönlichkeit ausmacht, sind sehr unterschiedlich. Auch wissenschaftliche Forschungen hierzu haben keine einheitlichen Ergebnisse erbracht.

Als wichtige Führungskompetenzen, also Persönlichkeitsmerkmale und Eigenschaften, die zum Führen befähigen, werden heute am häufigsten genannt:

Häufigste Zuordnungen

- Führungswille
- Ziel- und Erfolgs-
  orientiertheit
- Entscheidungsfähigkeit
- Verantwortungs-
  bewusstsein
- Risikobereitschaft
- Überzeugungskraft
- unternehmerisches
  Handeln
- Realitätssinn, Problem-
  sensibilität
- Optimismus
- Begeisterungsfähigkeit
- Motivierungsfähigkeiten
- Kontaktfreudigkeit

- Kommunikations-
  fähigkeiten
- Konfliktfähigkeit
- ganzheitliches Denken
- Kreativität, Flexibilität
- Vertrauensorientiertheit
- Ehrlichkeit, Offenheit
- Gerechtigkeitssinn,
  Fairness
- Kontinuität, Berechen-
  barkeit
- Einfühlungsvermögen
- Lebens- und Berufs-
  erfahrung
- Beherrschen wichtiger
  Führungstechniken
  und -instrumente

Keine Genies gefordert Die Aufzählung soll nicht den Eindruck erwecken, als müsse jeder Vorgesetzte alle diese Eigenschaften in sich vereinen. Jede Führungsrolle hat ihre spezifischen Anforderungen und für jede sind daher ganz bestimmte der aufgezählten Persönlichkeitsmerkmale vorrangig von Bedeutung.

Zum Führen bedarf es keiner Universalgenies, sondern normaler Menschen mit gerade den Eigenschaften und Fähigkeiten, die für die jeweilige Führungsrolle besonders wichtig sind.

Viele der genannten Fähigkeiten lassen sich bis zu einem gewissen Grad erlernen. Man kann sich manches von Vorbildern abgucken, kann Regeln sowie handwerkliche Führungstechniken und -instrumente in Seminaren kennen lernen und gewinnt manche Einsichten im Laufe der Zeit durch eigene Führungserfahrungen.

Charismatische Führer Zu einer herausragenden und faszinierenden Führungspersönlichkeit gehört allerdings neben den passenden Charaktereigenschaften und erworbenen Fähigkeiten die notwendige Portion Charisma. Eine schwer definierbare, überdurchschnittliche und offenbar angeborene persönliche Ausstrahlung, die bei den Griechen der Antike als ein Geschenk der Götter galt. Wenn heute einige Buchautoren oder Seminarveranstalter behaupten, auch Charisma sei erlernbar, ist dies höchst fragwürdig.

Doch es mag trösten, dass Unternehmen in aller Regel ohnehin nicht mehr als eine charismatische Führungsnatur verkraften können. Mehrere ausgesprochen starke Führer in einer Organisation führen fast immer zu belastenden Konkurrenzkämpfen.

Entwicklung zur Führungspersönlichkeit

Häufig wird die Meinung vertreten, Führen könne man ohnehin nicht lernen, sondern zum Führen müsse man geboren sein: Entweder man hat es oder hat es eben nicht. Bezeichnenderweise sind es nicht selten Führungskräfte in gehobenen Positionen, die sich in dieser Weise äußern, selbst aber keineswegs die wünschenswerten Führungsqualitäten aufweisen. Unkritisch nehmen sie ihre eigene Karriere zum Beweis dafür, ohne Führungstraining oder geeignete Weiterbildung erfolgreich sein zu können. Bei genauerem Hinsehen zeigt sich dann jedoch meist, dass sie es nur durch Glück, Beziehungen oder Rücksichtslosigkeit so weit gebracht haben.

Ist Führen erlernbar?

Führungskraft ist keine Berufung, sondern ein Beruf, der wie jeder andere erlernbar ist.

Jeder geistig und körperlich intakte Mensch ist in der Lage – den echten Willen dazu vorausgesetzt – das Tischlerhandwerk zu erlernen. Es gibt jedoch, wie bei allen Berufen, unterschiedlich begabte und interessierte Tischler. Während die Mehrheit von ihnen solide Facharbeiter bleiben, werden andere Meister ihres Fachs.

Warum soll es beim Führungshandwerk grundsätzlich anders sein? Hinsichtlich des beruflichen Werdegangs gibt es hier allerdings in der Tat einen gravierenden Unterschied: Ein Tischlerlehrling durchläuft eine mindestens dreijährige Lehre, während der ihn ein erfahrener Ausbilder mit den geeigneten Werkzeugen und Maschinen vertraut macht und ihn tagtäglich deren Handhabung üben lässt. Außerdem muss der Lehrling einmal in der Woche die Berufsschule besuchen, wo ihm die notwendigen theoretischen Kenntnisse vermittelt werden. Und erst wenn er seine Lehre erfolgreich

Führungskräftequalifizierung

absolviert und dies durch eine staatlich anerkannte Prüfung belegt hat, darf er sich einer Firma als qualifizierte Fachkraft anbieten.

Anders bei der Qualifizierung zur Führungskraft. Hier herrscht offenbar immer noch die Meinung vor, dass man das Führungshandwerk nicht systematisch zu erlernen brauche, sondern die erforderlichen Fähigkeiten von Hause aus mitbringt oder sie durch „Learning by Doing" so nebenher erwerben könne. Während es durch gesetzliche Regelungen sichergestellt ist, dass in der Berufsausübung niemand ohne einschlägige Qualifizierung mit dem *Werkstoff Holz* umgehen darf, dürfen Vorgesetzte, die auf ihre Führungsaufgaben nie gezielt vorbereitet wurden, auf *Menschen* losgelassen werden! Selbst an den Hoch- und Fachhochschulen, wo junge Menschen in aller Regel studieren, um sich für Führungspositionen zu qualifizieren, werden Inhalte der Führungslehre oder Betriebspsychologie bestenfalls in einigen wenigen Wahlfächern angeboten. Was naturgemäß den Eindruck vermittelt, soziale Fähigkeiten seien nur von sekundärer Bedeutung.

Weiterbildung und Selbststudium Somit bleibt das Entwickeln von Führungskompetenzen weitgehend der Weiterbildung und dem Selbststudium vorbehalten. Bedauerlicherweise ist dann jedoch mancherorts schon einiges an menschlichem Leid und wirtschaftlichem Schaden durch überforderte Vorgesetzte angerichtet worden.

Die unzureichenden Bildungsangebote sind keineswegs ein Beleg dafür, dass Führungsfähigkeiten nicht erlernbar sind. Im Gegenteil:

Jeder durchschnittlich Veranlagte und Lernwillige kann die notwendigen Fähigkeiten erwerben, um herkömmliche Führungsaufgaben zu bewältigen.

Auf welchem Weg ein Mensch im Lauf seines Lebens Führungsqualitäten entwickeln kann, veranschaulicht die folgende Grafik:

Lernquellen

eigene
Lebenserfahrungen

übernommene
Erkenntnisse

**Führungs-
persönlichkeit**

Führungs-
prinzipien

Führungs-
verhalten

Lernergebnisse

Jeder macht lebenslang seine eigenen Erfahrungen mit der Führung von Menschen, sei es als Führender oder Geführter. Als Kleinkinder wurden wir von unseren Eltern geführt, später von unseren Lehrern, Ausbildern, Vorgesetzten oder Sporttrainern. Aber auch selbst geführt hat jeder von uns in seinem Leben schon des Öfteren, auch wenn man sich dessen nicht immer bewusst war: Vielleicht hatte man schon als Kind manchmal beim Spielen die Anführerrolle übernommen, war später in der Schule Klassensprecher, hatte anderen Nachhilfeunterricht gegeben oder im Sportverein eine Jugendgruppe trainiert.

**Lernen durch
Eigenerfahrung**

Auf diese Weise hat sich jeder seine eigene Meinung darüber gebildet, welche Art von Führungsverhalten erfolgreich ist und welche weniger. Wir haben auf diese Weise persönliche Grundsätze entwickelt, wie man mit Menschen umgehen sollte und welche Umgangsweisen unzweckmäßig sind. Und im Lauf der Zeit wurden diese Anschauungen und Prinzipien zu Bestandteilen unserer Persönlichkeit.

Lernen durch Vorbilder Andererseits haben wir mit Sicherheit auch so manches über Menschenführung von anderen gelernt, indem wir sie uns zum Vorbild genommen und – bewusst oder unbewusst – von ihnen bestimmte Ansichten oder Verhaltensweisen übernommen haben. Oder aber wir hatten durch gezieltes Lernen von den Erfahrungen und Erkenntnissen anderer profitiert: während der eigenen Ausbildung, durch das Lesen von Fachliteratur oder die Teilnahme an Weiterbildungsseminaren.

Die auf diesen beiden Wegen gewonnenen Einsichten und Fähigkeiten haben, neben den angeborenen Eigenschaften, unsere Führungspersönlichkeit geprägt. Sie sind mitbestimmend für unser Rollenverhalten in Führungssituationen: für die Art, wie wir kommunizieren, mit Konflikten umgehen oder welche Maßnahmen wir zum Führen ergreifen.

Lernen und verlernen Wenn es möglich ist, auf den beschriebenen Wegen Verhaltensweisen zu erlernen, ist es logischerweise auch möglich, sie durch gezieltes Lernen weiterzuentwickeln. Nach einer grundlegenden These der Lernpsychologie können wir etwas, das wir erlernt haben, auch wieder verlernen. Wir sind also in der Lage, als falsch oder unzweckmäßig erkannte Überzeugungen und Verhaltensgewohnheiten durch erfolgversprechendere zu ersetzen.

**Entwickeln von Verhaltensgewohnheiten:
Durch Kennenlernen zur Kenntnis.
Durch Anwenden zum Können.
Durch Wiederholen zur Gewohnheit.**

Rationale und emotionale Intelligenz

In der Vergangenheit galt fast ausschließlich die so genannte kognitive oder auch rationale Intelligenz als Garant für den Erfolg eines Menschen. Gemeint waren damit Fähigkeiten wie Gedächtnis, Auffassungsgeschwindigkeit, Sprachverständnis, Rechengewandtheit oder logisches Denken. Diese Art der Intelligenz lässt sich durch Intelligenztests messen und in einem Zahlenwert, dem so genannten Intelligenzquotienten (IQ), ausdrücken.

Die Faktoren des Erfolgs

Seit Mitte der 1990er-Jahre setzte sich jedoch die Erkenntnis durch, dass neben der verstandesmäßigen Intelligenz auch die Fähigkeit, mit eigenen und fremden Gefühlen umgehen zu können, maßgeblich für den Lebenserfolg eines Menschen bestimmend ist. Der amerikanische Psychologe Daniel Goleman hat hierfür den Begriff der emotionalen Intelligenz (EQ) geprägt. In seinem viel beachteten Buch „EQ, emotionale Intelligenz" hat er diesbezügliche psychologische Erkenntnisse sowie neuere Ergebnisse der Hirnforschung vorgestellt.

Laut Goleman sprechen erfolgreiche Führungskräfte die Emotionen ihrer Mitarbeiter an und wecken bei ihnen positive Gefühle. Er unterscheidet dabei vier Dimensionen:

Emotionen ansprechen

- *Selbstwahrnehmung* bedeutet, seine eigenen Gefühle zu erkennen, sie zu definieren und bewusst zu erleben, um die eigene Situation besser zu verstehen.
- *Gefühlsmanagement* erfordert die eigenen Gefühle zu kontrollieren und auf Geschehnisse angemessen zu reagieren, d.h. die notwendige Distanz zu gewinnen und die Dinge weder zu dramatisieren noch zu bagatellisieren, auch negative Gefühle wahrzunehmen, sich ihnen aber nicht hilflos auszuliefern.
- *soziales Bewusstsein* zu besitzen, heißt, sich in andere Menschen hineinzuversetzen und Mitgefühl für sie aufzubringen, um gebührend auf sie eingehen zu können,

anderen ein angemessenes Vertrauen entgegenzubringen und Verständnis für sie zu zeigen.

Beziehungsmanagement bedeutet beim Umgang mit anderen Menschen nicht nur zu reagieren, sondern selbst Beziehungen aufzubauen bzw. mitzugestalten. Dazu gehört, Gelegenheiten zur Kommunikation zu suchen, die emotionalen Bedürfnisse anderer zu berücksichtigen und verlässlich zu sein.

Tests mit 350 Managern ergaben, dass sie von ihren Kollegen als überdurchschnittlich emotional intelligent eingestuft wurden, wenn diese vier Eigenschaften besonders ausgeprägt waren.

Auch der EQ ist entwickelbar

Sicher setzen sich diese bei jedem Menschen mehr oder minder vorhandenen Fähigkeiten sowohl aus angeborenen Begabungen als auch aus erlernten Fähigkeiten zusammen. Wie groß der jeweilige Anteil ist, wird nur schwer zu ermitteln sein. Relativ unstrittig ist aber, dass sich die erlernten Anteile in nennenswertem Maß steigern bzw. Defizite verringern lassen.

Zum erfolgreichen Führen gehört sowohl rationale als auch emotionale Intelligenz.

Führen können heißt entscheiden können

Zu den wichtigsten Eigenschaften einer starken Führungspersönlichkeit gehören die Sensibilität, auftretende Probleme zu erkennen, die Tatkraft, sie aufzugreifen, sowie der Mut, Entscheidungen zu deren Lösung zu treffen.

Dabei ist der Begriff „Entscheidung" hier in folgendem Sinn
zu verstehen:

**Eine Entscheidung ist die rechtzeitige Wahl des Wegs, auf
dem man etwas erreichen will.**

Um eine „echte" Entscheidung handelt es sich demzufolge
nur dann, wenn folgende drei Voraussetzungen gegeben sind:

- Es stehen mehrere Alternativen zur Auswahl.
- Die Auswahl wird getroffen, ehe einem die Ereignisse den
  Entscheidungsspielraum nehmen.
- Es besteht die ernsthafte Absicht, etwas zu unternehmen.

**Echte
Entscheidungen**

Auch in demokratisch geführten Unternehmen oder Teams
erwarten die Mitarbeiter von ihren Vorgesetzten, dass diese sich in schwierigen Situationen ihrer Verantwortung
stellen und notfalls eine Alleinentscheidung fällen.

Alleinentscheidungen des Vorgesetzten werden von Mitarbeitern vor allem in folgenden Situationen erwartet:

- bei hohen Risiken
- bei sofortigem Handlungsbedarf
- bei unabwägbaren Zukunftsaussichten
- bei Uneinigkeit in der Gruppe
- bei allgemeiner Unentschlossenheit
- bei unzureichender Sachkenntnis
- bei fehlenden oder unklaren Befugnissen

Entscheidungsbedarf

Wie auch immer, es liegt in der Gesamtverantwortung der
Führungskraft zu bestimmen, wer die Entscheidung treffen
soll: die Führungskraft selbst, ein beauftragter Mitarbeiter,
die gesamte Gruppe oder eine übergeordnete Instanz.

Entscheidungs-
fähigkeit

Zur Fähigkeit, erfolgreich Entscheidungen treffen zu können, gehören zwei Persönlichkeitseigenschaften:

Entscheidungssicherheit
Sie wird auf rationale Weise gewonnen, ist ein durch Lebenserfahrungen oder bewusstes Lernen erworbenes Urteilsvermögen.

Entschlussfreudigkeit
Sie beruht hingegen überwiegend auf emotionalen Voraussetzungen: Sie erwächst aus einem positiven Selbstwertgefühl, einer aktiven und optimistischen Grundeinstellung sowie einer motivierenden Bedürfnislage.

Über Sicherheit
zur Entschluss-
freudigkeit

Beide Komponenten beeinflussen sich gegenseitig: Wachsende Entscheidungssicherheit aufgrund erworbener Kenntnisse und Erfahrungen und die daraus resultierenden „richtigen" – oder besser gesagt – erfolgreichen Entscheidungen stimmen zuversichtlich und nehmen die Scheu vor Entscheidungsrisiken. Die gestärkte Entschlussfreudigkeit wiederum führt dazu, auch schwierigen Entscheidungen nicht auszuweichen, das Entscheiden somit häufiger zu trainieren und neue Erfahrungen zu sammeln.

Optimierungs-
ansätze

Betrachtet man insbesondere die einzelnen Komponenten, die zur Entscheidungssicherheit beitragen, so finden sich vor allem dort Ansätze, wie man seine Entscheidungsfähigkeit gezielt verbessern kann. Beispielsweise kann man sich durch häufigere Gespräche mit seinen Mitarbeitern ein zutreffenderes Bild davon machen, wo Probleme vorliegen und wo Entscheidungen erforderlich sind, und der Erwerb von Fachkenntnissen trägt dazu bei, Lösungsmöglichkeiten zu erkennen. Das Erlernen von Kreativitätstechniken hilft bessere Lösungsideen zu entwickeln und mit systematisierenden Entscheidungstechniken lassen sich Entscheidungsprozesse beschleunigen und die Ergebnisqualität steigern.

rationale Bedingungen	emotionale Bedingungen
Erkennen des Entscheidungsbedarfs	Zielorientiertheit
Einschätzen der Problemursachen	Erfolgswille
Erkennen von Lösungsmöglichkeiten	Verantwortungs- bewusstsein
Erkennen der Nutzeffekte	Zuversicht
Erkennen der Risiken	Risikobereitschaft
logisches Verarbeiten der Erkenntnisse	Tatkraft
Entscheidungssicherheit	**Entschlussfreudigkeit**

Entscheidungsfähigkeit

Intuitives Entscheiden

Nicht selten treffen erfolgreiche Manager ohne rationale Anstrengung und logische Begründung schnelle, intuitive und dennoch richtige Entscheidungen. Aber auch intuitive erfolgreiche Entscheidungen sind keine irrationalen Reaktionen oder göttlichen Eingebungen, sondern beruhen auf dem blitzschnellen, reflexartigen Abrufen und Verknüpfen erworbener Erfahrungen. In kritischen Situationen, die sofortiges Handeln erfordern, kann ein solches Entscheidungsverhalten trotz erhöhten Fehlerrisikos das einzig Richtige sein. Ohne uns dessen immer bewusst zu sein, treffen wir im täglichen Leben fortwährend derartige Sofortentscheidungen.

> Intuitiv entscheiden zu können, ist nicht mit unkritischem Wagemut, unbegründeten Einschätzungen oder Rechthaberei zu verwechseln.

Risiken intuitiven Entscheidens

Die hauptsächlichen Risiken intuitiver Entscheidungen liegen darin, dass sie unter Umständen auf irrelevanten Einzelerfahrungen aufbauen: Eine bestimmte Entscheidung kann bei einem früheren Problem absolut richtig gewesen sein, bei einem ähnlichen Fall mit anderen Rahmenbedingungen sich hingegen als völlig falsch erweisen. Durch wohl überlegtes Abwägen der aktuellen Gegebenheiten hätte sich diese Fehlentscheidung möglicherweise vermeiden lassen.

Aber auch die Fähigkeit, sich intuitiv richtig zu entscheiden, ist trainierbar:

Je häufiger wir systematisch und logisch vorbereitete richtige Entscheidungen treffen, desto reichhaltiger wird unser persönliches Repertoire an Denkmustern für erfolgreiche intuitive Entscheidungen.

Hirnforschungen ergaben, dass wir zu 80 % das Verarbeiten unserer gespeicherten Erfahrungen nicht bewusst wahrnehmen, diese Prozesse aber dennoch Gefühle oder körperliche Reaktionen auslösen.

Fachbegriffe der Führungslehre

Jede Fachdisziplin hat ihre eigene Fachsprache. So auch die Führungs- bzw. Managementlehre. Während jedoch in den meisten Wissenschaftsbereichen die wichtigsten Begriffe der Fachsprache eindeutig definiert, teilweise sogar in Normen verbindlich festgelegt sind, werden die Fachbegriffe der Führungslehre zum Teil recht unterschiedlich gebraucht.

Vielfalt der Begriffe

Das hat mehrere Gründe. Zum einen ist die Führungslehre keine eigenständige Hochschuldisziplin, sondern multidisziplinär: Sie basiert auf Elementen der Psychologie, Soziologie, Betriebswirtschaft, Arbeits- sowie Erziehungswissenschaften. Dementsprechend vielfältig sind die sprachlichen Einflüsse. Zum anderen ist die Führungslehre – anders als beispielsweise die Naturwissenschaften – einem ständigen Wandel unterworfen. Gerade in unserer Zeit der raschen und teilweise tief greifenden wirtschaftlichen sowie gesellschaftlichen Veränderungen ist eine entsprechende Flexibilität der Führungsmethoden unumgänglich.

Ein weiterer Grund ist darin zu sehen, dass manche Fachbuchautoren, Führungskräftetrainer und Unternehmensberater die Kundschaft durch immer neue Begriffe auf sich aufmerksam machen wollen. Häufig soll dadurch der Eindruck erweckt werden, der Betreffende habe nun endlich die Patentlösung gefunden. Bei Licht betrachtet zeigt sich dann jedoch oft, dass es sich um altbewährte Inhalte mit neuen Etiketten handelt. Im Zug dieses Trends werden auch so manche substanzlosen Modewörter geboren.

Gebräuchliche
Fachwörter

Deshalb beschränkt sich die nachstehende Darstellung auf die wichtigsten Grundbegriffe und orientieren sich die Definitionen an ihrem mehrheitlichen Gebrauch in Wissenschaft, Lehre und Literatur. Bei den Definitionen sind weitere Begriffe genannt, die verschiedentlich in ähnlichem Sinne verwendet werden.

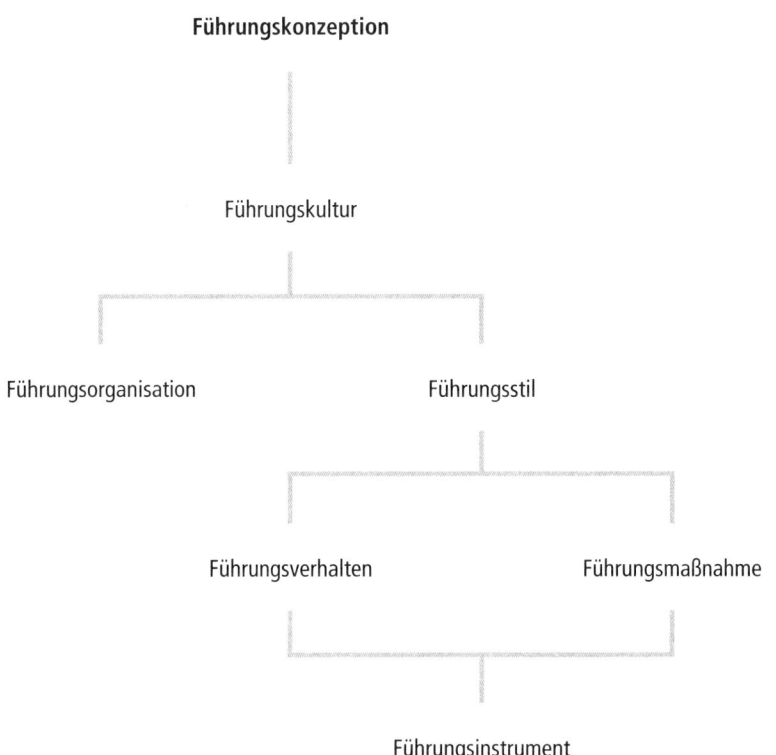

40

Entsprechend den folgenden Definitionen sind auch die im vorliegenden Buch verwendeten Fachbegriffe zu verstehen:

- *Führungskonzeption:* Gesamtheit aller Elemente der Mitarbeiterführung in einer Organisation (sinngemäß auch: Führungssystem, Führungsmodell, Führungsschema)
- *Führungskultur:* Grundeinstellung des Managements zur Menschenführung im Allgemeinen sowie zur Mitarbeiterpersönlichkeit im Speziellen (sinngemäß auch: Führungsphilosophie, Führungsideologie, Führungsprinzip, Führungstheorie)
- *Führungsorganisation:* Zuordnung der Führungsaufgaben zu bestimmten Führungsebenen, -bereichen und -personen sowie die Abgrenzung ihrer Verantwortlichkeiten und Befugnisse (sinngemäß auch: Führungssystem, Führungsstruktur)
- *Führungsstil:* charakteristisches Verhalten und Vorgehen von Führungskräften bei der Wahrnehmung ihrer Führungsaufgaben (sinngemäß auch: Managementkonzept, Führungsmodell, Führungsmethode, Führungstypologie, Führungspsychologie)
- *Führungsverhalten:* momentanes Verhalten einer Führungskraft in einer konkreten Führungssituation (sinngemäß auch: Führungsstil, Führungstechnik)
- *Führungsmaßnahme:* initiierende, abstellende oder vorbeugende Handlung oder Handlungsanweisung des Managements bzw. einer Führungskraft (sinngemäß auch: Führungsmethode, Führungstechnik)
- *Führungsinstrument:* methodisches, organisatorisches oder sächliches Hilfsmittel für die Führungsarbeit (sinngemäß auch: Führungsmittel)

3. Wer treffen soll, braucht ein Ziel

Wünsche, Visionen, Leitbilder und Ziele

Zielsetzung als Erfolgsgrundlage Nur mit einer eindeutigen Zielsetzung sind zielbewusstes Entscheiden und zielgerichtetes Handeln möglich. Ehe man ein Projekt in Angriff nimmt oder eine Arbeit beginnt, muss Klarheit darüber geschaffen sein, was erreicht werden soll. Andernfalls kommt es zu planlosen Aktivitäten, bei denen es reine Glücksache ist, ob etwas Wünschenswertes dabei herauskommt. Selbst wenn man es beispielsweise bei einer Ideenfindung bewusst dem Zufall überlassen will, zu welchen neuen Einfällen man kommt, so liegt auch diesem Prozess eine Zielsetzung zugrunde: nämlich etwas wirklich Neuartiges zu entwickeln und sich dabei alle Möglichkeiten offen zu halten.

Nur wer ein Ziel vor Augen hat, wird einen geraden Weg gehen.

Es ist zwischen Wünschen, Visionen, Leitbildern und Zielen zu unterscheiden.

Wünsche Wünsche spiegeln etwas wider, von dem man meint, es könne einem die größtmögliche Zufriedenheit verschaffen. Wünsche dürfen durchaus völlig unrealistisch sein, nur wäre es zwecklos, seine Strategien an derartigen Vorstellungen auszurichten.

Visionen sind komplexe, noch relativ unscharfe Zielbilder einer anzustrebenden Zukunft. Sie können Fernziele und unter Umständen sehr hoch gesteckte, aber immerhin im Bereich des Möglichen liegende Wunschvorstellungen sein. Sie basieren auf dem Selbstverständnis eines Menschen bzw. einer Organisation. Visionen entspringen eher dem Fühlen als dem Denken.

Visionen

Leitbilder entstehen, indem Visionen konkreter ausgeformt und aus ihnen bestimmte Wertvorstellungen hergeleitet werden. Sie dienen den Beteiligten zur Orientierung und Identifizierung, stecken einen allgemein gültigen Verhaltens- und Handlungsrahmen ab.

Leitbilder

Ziele hingegen beschreiben die am jeweiligen Leitbild orientierten konkreten Soll-Zustände. Sie beschreiben die Endergebnisse aller einzuleitenden Aktivitäten. Für die einzelnen Handlungsschritte können wiederum Teilziele (Feinziele) formuliert werden, die sich am Gesamtziel (Grobziel) ausrichten.

Ziele

Ein Ziel ist die Beschreibung eines geplanten Endzustands.

Wünschen kann man sich alles Mögliche und auch Unmögliche. Man kann Zustände für richtig oder falsch halten, auch ohne dass diese überhaupt beeinflussbar sind. Ziele hingegen müssen auch die Chance der Verwirklichung bieten.

Beispielsweise kann es einem niemand verwehren, den Wunsch zu haben, ewig zu leben. Als Lebensziel wäre diese Vorstellung jedoch untauglich, da nicht realisierbar. Es wäre sinnlos seine Lebensführung daran auszurichten. Ebenso kann ich es mir durchaus wünschen, dass meine Mitarbeiter auch ohne Entlohnungs- und Urlaubsansprüche auf Dauer

und mit voller Hingabe für das Unternehmen arbeiten.
Mache ich das jedoch zu meinem Führungsziel, werde ich
mit Sicherheit scheitern.

> Während Wünsche unerfüllbar sein können, müssen
> Ziele unter den zu erwartenden Bedingungen realisierbar
> sein.

Als Führungskraft sollte man sich daher nicht an Wünschen,
sondern an echten Zielen orientieren und diese den Mitarbeitern vermitteln. Was natürlich nicht ausschließen darf,
berechtigte und realisierbare Wünsche der Mitarbeiter dabei
angemessen in Rechnung zu stellen.

Zielmanagement im Unternehmen

Zielfindung und Zielsetzung sind fundamentale Manage-
mentfunktionen, die jeglichen unternehmerischen Aktivitäten vorauszugehen haben.

**Ziele sind wichtige Führungsgrößen und haben den Zweck,
Erfolg versprechende Maßnahmen auszulösen.**

Zielhierarchie Das Zielmanagement eines Unternehmens umfasst mehrere
Zielebenen, von denen Impulse unterschiedlicher Qualität
ausgehen: Die Ziele der oberen Ebenen dieser Hierarchie sind
die längerfristigen Orientierungs- und Richtziele des Unternehmens. In der Abwärtsrichtung werden die Ziele tenden-
ziell kurzfristiger und bekommen den Charakter konkreter
Handlungsanweisungen. Die einzelnen Zielarten müssen
sich an den jeweils übergeordneten Zielebenen orientieren,

wenn das Unternehmen als zielstrebiges, organisches Ganzes funktionieren soll.

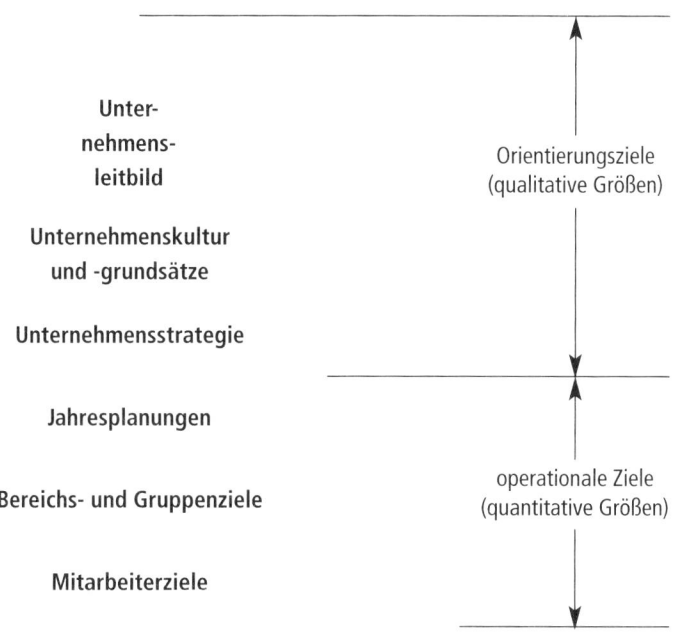

Unternehmensleitbild

Das Leitbild stellt den Charakter eines Unternehmens dar. Es beschreibt, als was sich das Unternehmen versteht bzw. wohin es sich entwickeln will und als was es in der Öffentlichkeit gelten soll. Es kann lediglich in den Köpfen der Unternehmenseigner existieren, aber auch schriftlich festgehalten und veröffentlicht sein. Es kann mit einem einzigen Leitsatz dokumentiert sein, wie z. B.: „Wir haben den weltweit besten Service unserer Branche", kann aber auch ausführlicher formuliert sein.

Charakter eines Unternehmens

Dabei ist es unerheblich, ob ein Unternehmensleitbild die aktuelle Realität beschreibt oder ein Fernziel darstellt und somit den Charakter einer Vision hat. Entscheidend ist, dass sich alle unternehmerischen Aktivitäten an diesem Bild orientieren.

Unternehmenskultur

Auch:
Unternehmens-
philosophie

Die Unternehmenskultur ist die Gesamtheit der ethischen Grundsätze des Unternehmens. Sie drückt sich sowohl im internen zwischenmenschlichen Umgang aus als auch im externen wirtschaftlichen Gebaren.

Unternehmensgrundsätze

Verbindliche Regeln

Unternehmensgrundsätze beschreiben, wie und mit welchen Mitteln die Unternehmenskultur zu realisieren ist. Sie sollen dafür sorgen, dass Leitbild und Kultur nicht nur pauschale Absichtserklärungen bleiben, sondern im betrieblichen Alltag tatsächlich gelebt werden. Sie stellen verbindliche Regeln dar, die eine im gesamten Unternehmen einheitliche Führungsphilosophie gewährleisten sollen und auf die sich im Zweifelsfall jeder berufen kann.

In vielen Unternehmen sind diese Grundsätze schriftlich festgehalten (z. B. als „Leitlinie" bezeichnet). In manchen sind sie nur in grundlegende Kernsätze gefasst, in anderen sind es ausführlichere Beschreibungen in Broschürenform. Beide Grundformen haben ihre Vor- und Nachteile.

Unternehmensstrategie

Konzept für
unternehmerisches
Handeln

Sie ist das betriebswirtschaftliche Konzept für das künftige unternehmerische Handeln. Sie legt fest, mit welchen Produkten, Methoden, Ressourcen und auf welchen Märkten das Unternehmen operieren und sich dem Wettbewerb stellen will.

Jahresplanungen

Zahlenmäßige
Angaben

In Jahresplänen ist festgeschrieben, welche operationalen Ziele innerhalb bestimmter Jahreszeiträume das Unternehmen erreichen soll. Während es sich bei den vorhergehenden Zielen um qualitative Orientierungsziele handelte (z. B. „Verbesserung der Produktqualität"), sind die Ziele in Jahresplänen quantifiziert, also in Zahlen angegeben (z. B. „Senkung der Reklamationen um 10 %") und somit messbar. Jahrespläne können sich auf ein oder auch mehrere Jahre beziehen.

Bereichs- und Gruppenziele

Die verschiedenen Ziele eines Jahresplans werden in der nächsten Zielebene auf die Arbeitsziele der einzelnen Unternehmensbereiche bzw. Arbeitsteams heruntergebrochen.

Konkrete Arbeitsziele

Mitarbeiterziele

Die Ziele der untersten Hierarchieebene sind schließlich die Arbeitsziele, die den einzelnen Beschäftigten vorgegeben sind. Sie werden entweder für längere Zeiträume durch Stellenbeschreibungen oder in Zielvereinbarungsgesprächen festgelegt oder fallweise durch einzelne schriftliche oder mündliche Arbeitsaufträge vorgegeben.

Arbeitsplatz-bezogene Ziele

Ein modernes, aktives Zielmanagement ist gekennzeichnet durch sinn- und strategieorientiertes Denken, Kommunizieren und Handeln. Es dient sowohl dem Unternehmenserfolg als auch dem Grundbedürfnis der im Unternehmen tätigen Menschen nach Orientierung und sinnerfülltem Handeln. Bleibt dieses Mitarbeiterbedürfnis ungeachtet, ist kein echtes Engagement zu erwarten.

Modernes Zielmanagement

Im Interesse eines flexiblen und marktorientierten Handelns sollte das Zielmanagement keine weisungsorientierte Einbahnstraße sein.

Ein modernes Zielmanagement ist vielmehr als ein *Zielbildungsprozess* zu verstehen, bei dem

- die jeweils nachgeordneten Ebenen schon bei der Zielentwicklung beteiligt werden,
- die Beteiligten ihre Erfahrungen, Ideen und Bedenken möglichst frühzeitig einbringen können,
- diese den übergeordneten Ebenen ständig Rückmeldungen über den Realisierungsfortschritt geben,
- sie auftretende Probleme unverzüglich melden, damit die Zielsetzungen gegebenenfalls korrigiert und die Erfahrungen bei künftigen Zielüberlegungen berücksichtigt werden,
- die Zielsetzungen bei sich ändernden externen oder internen Bedingungen kontinuierlich aktualisiert werden.

Voraussetzungen wirkungsvoller Zielsetzung

Ziele müssen akzeptiert werden

Klare Zielvereinbarungen sind erforderlich, wenn von Mitarbeitern erwartet wird, dass sie mit derselben Zielrichtung, in der gewünschten Vorgehensweise, im Einklang miteinander und mit dem erforderlichen Engagement arbeiten.

Damit sich Mitarbeiter für das Erreichen eines Ziels engagieren, müssen sie es akzeptieren und sich mit ihm identifizieren können.

Dazu muss es folgende Bedingungen erfüllen:

Eindeutigkeit

Notwendigkeit

Nützlichkeit

Erreichbarkeit

Angemessenheit

Bekanntheit

Zielakzeptanz

Eindeutigkeit

Eine Grundvoraussetzung für die Realisierung eines Ziels ist, dass es eindeutig beschrieben ist. Lässt sich die Zielvorgabe unterschiedlich interpretieren, kommt es zu hemmenden Zweifeln, Rückfragen oder Streitigkeiten und wird das ursprünglich angestrebte Ziel möglicherweise verfehlt. Schlimmstenfalls wird durch die Aktivitäten mehr Schaden als Nutzen verursacht. Daher ist es für die Zielvereinbarung von entscheidender Bedeutung, dass dem betreffenden Mitarbeiter alle für sein Verständnis notwendigen Informationen in einer für ihn verständlichen Sprache gegeben werden. Das erfordert in erster Linie

Unmissverständliche Informationen

- ihm die notwendigen Informationen und Durchführungshinweise zu geben,
- dabei seinen Kenntnisstand in Rechnung zu stellen,
- komplexere Zielvorstellungen logisch zu strukturieren,
- unmissverständliche Begriffe und Formulierungen zu verwenden
- und dabei auf seine Sprachgewohnheiten einzugehen.

49

Um sicherzugehen, dass man nicht missverstanden wurde, ist es wichtig, auf die verbalen sowie nonverbalen Reaktionen des Gesprächspartners zu achten. Auch Rückfragen oder die Bitte um Wiederholung können die Verständigung absichern.

Notwendigkeit

Keine Schikane Mitarbeiter müssen erkennen können, dass die Zielerreichung tatsächlich notwendig ist. Sie dürfen nicht das Gefühl bekommen, bei der Arbeitsaufgabe handele es sich um reine Prinzipienreiterei des Vorgesetzten oder sogar gezielte Schikane. Daher sollten der Anlass erläutert und die möglichen Folgen einer Zielverfehlung verdeutlicht werden. Manchmal kann es notwendig sein, es einem Mitarbeiter bewusst zu machen, dass letztendlich alle (sinnvollen) Arbeiten dazu dienen, die Existenz des Unternehmens und damit auch seines eigenen Arbeitsplatzes zu sichern.

Nützlichkeit

Der Nutzenaspekt einer Arbeitsaufgabe ist ein wichtiger Motivationsfaktor. Mitarbeiter wollen in ihrem Handeln sowohl einen Nutzen für das Unternehmen als auch für sich selbst erkennen können.

Persönlicher Nutzen Egoismus ist ein ererbter Selbsterhaltungstrieb. Er ist etwas völlig Natürliches und in vernünftigen Grenzen nichts Verwerfliches und muss demzufolge auch Mitarbeitern zugestanden werden. Es ist absolut unrealistisch, von Mitarbeitern zu verlangen, sie sollten sich völlig selbstlos für die Belange des Unternehmens einsetzen. Selbstverständlich wollen sie auch für sich selbst einen angemessenen Nutzen erzielen. Dabei muss dieser keineswegs immer materieller Art sein: Er kann auch aus Spaß an der Arbeit, persönlichem Erfolgserlebnis, Lob des Vorgesetzten oder vielen anderen emotionalen Anreizen resultieren.

Erreichbarkeit

Ein Ziel darf nur realistische Anforderungen an die Mitarbeiter stellen, wenn all ihre Kräfte für die Zielverfolgung mobilisiert werden sollen. Sie müssen daran glauben können, dass sie das gesteckte Ziel mit ihren eigenen Fähigkeiten und den verfügbaren Sachmitteln und Befugnissen erreichen können. Unrealistisch hohe Anforderungen hingegen lassen sie resignieren und führen zu demotivierenden Misserfolgserlebnissen.

Realistische Anforderungen

Andererseits kann es aber auch demotivierend wirken, wenn die Anforderungen zu häufig unter dem Leistungsniveau der Mitarbeiter liegen. Hin und wieder sollten sie sich echten Herausforderungen stellen müssen, an denen sie sich messen und an denen sie wachsen können. Langfristig gesehen sollte das allgemeine Anforderungsniveau – zumindest zeitweise – eher etwas über dem normalen Leistungsvermögen liegen als umgekehrt.

Angemessenheit

Die Anstrengungen, die die Zielerreichung einem Mitarbeiter abverlangt, sollten in einem vernünftigen Verhältnis zum erzielbaren Nutzen stehen. Sonst wird er sich (bewusst oder unbewusst) nur in begrenztem Maß für die Zielerreichung einsetzen. Möglicherweise fühlt er sich sogar schikaniert.

Ökonomisch sinnvoll

Bekanntheit

Dass die Arbeitsziele den betreffenden Mitarbeitern bekannt sein müssen, mag wie eine Binsenweisheit klingen. Dennoch kommt es in der Praxis nicht selten vor, dass die Erledigung einer Arbeit vom Vorgesetzten als Selbstverständlichkeit angesehen wird, obwohl sie nicht zu den Regelaufgaben des Mitarbeiters gehört und er aufgrund seines geringeren Verantwortungsniveaus sowie Hintergrundwissens die Notwendigkeit der Arbeit durchaus nicht selbst erkennen müsste.

Lückenlose Information

Daher gehört es zu den Aufgaben der Führungskraft, wichtige Ziele allen betroffenen Mitarbeitern rechtzeitig, umfassend und gleichmäßig bekannt zu geben. Damit sie klärende Fragen stellen und unverzüglich ihre Bedenken oder Zweifel äußern können, sollte dies möglichst im persönlichen Gespräch erfolgen. Was nicht ausschließt, besonders wichtige oder schwierige Sachverhalte als Gedächtnisstütze zusätzlich schriftlich festzuhalten.

Wem Zielvereinbarung keine Mühe wert ist, den darf es nicht wundern, wenn die Zielverfolgung halbherzig ist.

Die Formulierung macht es

Wirkung der Sprache Wie schon erwähnt, hängt die Wirksamkeit einer Zielvereinbarung nicht alleine von den gegebenen Sachinformationen ab, sondern es spielt auch die sprachliche Formulierung eine maßgebliche Rolle. Es hängt von der Art und Weise der verbalen sowie nonverbalen Übermittlung an die betreffenden Mitarbeiter ab, ob

- das Ziel tatsächlich als verbindliche Soll-Vorgabe aufgefasst wird,
- keine Zielelemente missverstanden werden,
- das Ziel motivierend und aktivierend wirkt und
- die Zielerreichung kontrollierbar und bewertbar ist.

Unmissverständlich
Die Formulierung darf keinen Zweifel daran aufkommen lassen, dass es sich um einen verbindlichen Auftrag handelt und nicht nur um einen Wunsch: „Bitte sorgen Sie dafür, dass der Brief noch heute rausgeht", benennt einen anzustrebenden konkreten Endzustand und ist somit ein echtes Ziel. „Es wäre gut, wenn Sie den Brief noch

heute absenden könnten", beschreibt dagegen nur einen Wunsch.

Das Ziel muss in sich selber logisch und widerspruchsfrei sein und darf auch nicht im Widerspruch zu anderen, bereits vereinbarten Zielen stehen. Werden gleichzeitig mehrere Arbeitsziele vereinbart, müssen Prioritäten gesetzt werden, damit die Mitarbeiter sich nicht verzetteln und dadurch überfordert fühlen. Die Prioritäten geben ihnen die Sicherheit, welche Arbeiten sie bei Engpässen am ehesten zurückstellen können, ohne vermeidbare Probleme zu schaffen.

Ziel muss logisch sein

Sprache ist immer mehrdeutig und birgt stets die Gefahr des Missverständnisses! Daher sollte man das Risiko des Missverstehens stets einkalkulieren. Man sollte alles dafür tun, sich verbal und nonverbal verständlich auszudrücken, und sich immer wieder vergewissern, ob man nicht dennoch missverstanden wurde.

Motivierend

Bei Zielformulierungen kommt es nicht nur auf das Übermitteln rationaler Informationen an, sondern es spielen auch die emotionalen Botschaften eine wichtige Rolle. Schließlich sollen Ziele nicht nur verstanden werden, sondern auch die Bereitschaft zur Zielverfolgung wecken bzw. eventuelle gefühlsmäßige Widerstände abbauen.

Emotionale Botschaft

Ziele motivieren und aktivieren am stärksten, wenn sie konkret, überzeugend und positiv formuliert sind.

Ziele sollten präzise und detailliert beschrieben werden. Je konkreter die Vorstellungen der Mitarbeiter vom Zielbild sind, desto bereitwilliger werden sie darauf hinwirken. Sind die Zielvorstellungen hingegen verschwommen, werden sie unsicher und zögerlich handeln.

Direkte Persönlichkeitsform

Zielvorgaben sollten in der Ich-Form und im Indikativ (Wirklichkeitsform) ausgedrückt sein. Arbeitsaufträge in der dritten Person oder im Konjunktiv (Möglichkeitsform) wirken unbestimmt und wenig überzeugend. Sie vermitteln den Eindruck, der Sprecher sei sich seiner Sache nicht sicher. Es hinterlässt im Unterbewusstsein eine andere Wirkung, ob ich sage: „Es wäre schön, wenn Sie das heute noch erledigen könnten" oder „Ich bitte Sie, das heute noch zu erledigen".

Positiv formulieren

Positiv formulierte Ziele stimmen optimistisch, machen Mut und setzen nachweisbar innere Kräfte frei. Negative Formulierungen hingegen stimmen pessimistisch und haben demzufolge eine eher deaktivierende Wirkung. Hinzu kommt, dass man sich einen „Nichtzustand" nicht bildhaft vorstellen kann. Der Vorsatz „Heute Abend werde ich nicht fernsehen" ist als Zustand nicht vorstellbar. Stattdessen lässt dieser Satz vor unserem geistigen Auge unweigerlich das Bild eines Fernsehers entstehen – also das, was wir eigentlich gedanklich streichen wollten. Hingegen können wir uns das Ziel „Heute Abend mache ich einen Waldspaziergang" sehr plastisch vorstellen.

Kontrollierbar

Messbare Ziele

Ein Ziel sollte so konkret wie möglich – möglichst sogar messbar – formuliert sein, damit später kontrolliert werden kann, inwieweit es tatsächlich erreicht wurde. Nur dann kann die Führungskraft das erzielte Ergebnis verantworten.

„Sehen Sie zu, dass Sie dafür nicht unnötig viel Geld ausgeben", ist zwar mehr als ein Wunsch, zeigt allerdings lediglich eine Zielrichtung an. Es ist somit kein absolutes, sondern ein so genanntes Relativziel. Es ist nicht messbar und lässt daher offen, wie gut es erreicht wurde.

Messbare Ziele ermöglichen es den Mitarbeitern, den Grad ihrer Zielerreichung selbst zu beurteilen und ihre Arbeitsergebnisse als motivierende Erfolge zu erleben. Außerdem verhindern messbare Zieldaten unterschiedliche Bewertungen der Arbeitsergebnisse und beugen damit demotivierenden Diskussionen vor.

Ziele motivieren und aktivieren am stärksten, wenn sie konkret, überzeugend und positiv formuliert sind.

Führen durch Zielvereinbarung

Eines der am häufigsten praktizierten Führungskonzepte der vergangenen Jahrzehnte ist das *„Management by Objectives" (MbO)*, auf Deutsch: „Führen durch Zielvorgabe" (siehe auch Kapitel 5 „Auf den Stil kommt es an", Abschnitt „Führungsstile im Wandel"). Es wurde Mitte des vorigen Jahrhunderts entwickelt und beruht auf dem Grundgedanken, den Mitarbeitern nur die Arbeitsziele vorzugeben und es ihnen weitestgehend freizustellen, auf welchem Weg sie diese erreichen. Diese Art des Führens entspricht einem demokratischen Führungsverständnis. Sie hat eine motivierende, das Verantwortungsbewusstsein fördernde Wirkung, da sie dem Bedürfnis nach Selbstständigkeit und Gestaltungsspielraum entgegenkommt. Allerdings schloss dieses Führungsprinzip das Risiko ein, dass Mitarbeiter zur Zielerreichung nicht immer den im Interesse des Gesamtunternehmens günstigsten Weg wählten (Personal- und Materialaufwand, Einhaltung von Sicherheitsvorschriften usw.). **Traditionelles Modell**

Während das ursprüngliche *MbO* auf dem Gedanken der Zielsetzung im Sinn einseitiger Vorgaben seitens der Vorgesetzten basierte, stellt das Konzept des „Führens durch **Die Weiterentwicklung**

Zielvereinbarung" eine Weiterentwicklung dar. Hier liegt der Schwerpunkt auf dem Vereinbaren im partnerschaftlichen Sinn. Das heißt, der Mitarbeiter wird bereits an der Zielfindung und Zielformulierung beteiligt und kann somit seine Kenntnisse, Ideen und Bedenken bereits in diesem Stadium einbringen.

Infolge des Abbaus von Hierarchieebenen (z. B. „Lean Management") hat die Grundidee des Führens durch Zielformulierungen in den letzten Jahren wieder erheblich an Bedeutung gewonnen.

Positive Effekte Das „Führen durch Zielvereinbarungen" kann folgende Effekte haben:

- Gemeinsam vereinbarte Ziele vermitteln das Gefühl der Partnerschaft und machen die Mitarbeiter zu Beteiligten, was letztlich das gesamte Arbeitsklima positiv beeinflusst.
- Das verantwortliche Mitwirken an der Zielformulierung und die Beachtung der eigenen Meinung fördert das Verantwortungsbewusstsein der Mitarbeiter sowie deren Identifikation mit ihrer Arbeit und dem Unternehmen als Ganzes. Zielvereinbarungen schaffen den Mitarbeitern Gestaltungsspielräume und können somit die Qualität ihrer Arbeit erhöhen, was wiederum zu ihrer Motivation beiträgt.
- Die gedankliche Auseinandersetzung mit den Zielen macht zukunftsorientiert, lenkt den Blick nach vorne.
- Die gemeinsamen Gespräche im Rahmen der Zielüberlegungen führen automatisch dazu, dass die Mitarbeiter über die Gründe und Hintergründe sowie die Rahmenbedingungen der Arbeitsaufgabe bestens informiert sind. Dieser Informationsstand wird ihnen später helfen, bei auftretenden Problemen selbstständig und zielgerecht zu improvisieren.

- Haben Mitarbeiter die Ziele aufgrund ihrer Mitwirkung akzeptiert und diese zu ihren eigenen gemacht, werden sie sich auch nach besten Kräften bemühen, sie zu erreichen und sich damit selbst zu bestätigen.
- Das Erreichen gemeinsam erarbeiteter Ziele wird von den Mitarbeitern weit stärker als persönlicher Erfolg empfunden, als wenn ihnen alles vorgegeben war.
- Im Rahmen der Zielvereinbarungsgespräche haben die Mitarbeiter Gelegenheit, auch ihre persönlichen Wünsche und Bedenken zu äußern oder sogar Rückmeldungen zum Vorgesetztenverhalten zu geben.

Zielvereinbarungen können sich auf zwei verschiedene Zielarten beziehen:

Zwei Zielarten

Sachziele	**Entwicklungsziele**
Fordern von Arbeitsergebnissen	Fördern von Mitarbeiterfähigkeiten

Beim Vereinbaren von Sachzielen geht es im Zielvereinbarungsgespräch darum, welche Arbeiten ein Mitarbeiter bis wann und auf welche Weise erledigen soll. Derartige Vereinbarungen können sich sowohl auf langfristige Arbeitsziele als auch kurzfristige Einzelvorgänge beziehen.

Sachziele

Beim Vereinbaren von Entwicklungszielen geht es darum, mit dem Mitarbeiter über die notwendige Weiterentwicklung seiner Fähigkeiten bzw. den Erwerb neuer Qualifikationen zu sprechen und die dazu gegebenenfalls erforderlichen Maßnahmen zu vereinbaren. Oder es geht um die eigenen Wunschvorstellungen des Mitarbeiters hinsichtlich seiner weiteren beruflichen Laufbahn. Handelt es sich bei einer Zielvereinbarung ausschließlich um derartige Fragen, wird

Entwicklungsziele

das entsprechende Gespräch auch als „Fördergespräch"
bezeichnet.

Kombination Häufig kommt es zu einer Kombination beider Zielarten.
Zum Beispiel kann es sich bei den Vereinbarungen zu einem
neuartigen Arbeitsauftrag herausstellen, dass der Mitarbeiter
für diese Aufgabe zunächst eine Fortbildung benötigt. Oder
der Mitarbeiter äußert im Rahmen eines Fördergesprächs
den Wunsch, auch einmal andere Arbeiten übertragen zu
bekommen.

Das Zielvereinbarungsgespräch

Begriffs- Das Zielvereinbarungsgespräch ist eine der vielen, nach
bestimmung ihrem jeweiligen Anlass zu unterscheidenden Arten von
Mitarbeitergesprächen. Unter dem Begriff „Mitarbeitergespräch" versteht man in der Führungslehre ein kommuni-
katives Führungsinstrument mit folgenden Merkmalen:

- geplantes bzw. bewusst herbeigeführtes formelles Gespräch
- in Form eines Dialogs zwischen Führungskraft und ein-
zelnem Mitarbeiter
- über das Verhalten oder die Leistungen des Mitarbeiters
- aus konkretem Anlass oder aufgrund bestehender Regelungen

Es ist damit also nicht eines der informellen, mehr oder minder spontan geführten Gespräche mit Mitarbeitern gemeint,
die sich zwangsläufig aus der alltäglichen Zusammenarbeit
ergeben. Das Mitarbeitergespräch ist auch nicht mit der Mit-
arbeiterbesprechung zu verwechseln. Hierbei handelt es sich
nicht um ein Zwiegespräch, sondern in aller Regel um den
Informations- bzw. Meinungsaustausch mit einer mehr oder
minder großen Mitarbeitergruppe.

Analog zu den beiden oben beschriebenen Zielarten kann man zwischen zwei unterschiedlichen Arten von Zielvereinbarungsgesprächen unterscheiden. Obwohl sich beide weitgehend ähneln, sind sowohl bei ihrer Vorbereitung als auch Durchführung einige grundlegende Unterschiede zu beachten.

Zwei Gesprächsarten

Beim *Sachzielgespräch* stehen Arbeitsaufträge und Leistungsanforderungen des Unternehmens im Vordergrund, weshalb hierbei eine aufgabenorientierte Gesprächsführung angebracht ist.

Beim *Entwicklungszielgespräch* (Fördergespräch) geht es vorrangig um die individuellen Fähigkeiten und beruflichen Perspektiven des Mitarbeiters. Folglich sollte hierbei die Gesprächsführung in erster Linie personenorientiert sein.

Allerdings werden – wie bereits erwähnt – häufig beide Zielarten in einem gemeinsamen Gespräch behandelt oder kommen automatisch zur Sprache.

Wichtig für den Erfolg eines jeden Mitarbeitergesprächs ist selbstverständlich das Gesprächsklima. Normalerweise liegt es im beiderseitigen Interesse, dass das Gespräch einen harmonischen Verlauf nimmt und es zu nützlichen Ergebnissen kommt.

Gesprächsatmosphäre

Da es jedoch bei Mitarbeitergesprächen stets auch um persönliche Belange des Mitarbeiters geht, kann es leicht zu ungewollten Emotionen kommen, die den Gesprächserfolg gefährden. Das gilt vor allem dann, wenn kritische Punkte angesprochen werden müssen und damit zwangsweise das Selbstwertgefühl des Mitarbeiters berührt wird.

Hauptverantwortlicher für den Verlauf ist die Führungskraft, denn es gehört zu ihrem Führungsauftrag, ein leistungsförderndes Arbeitsklima zu gewährleisten.

Daher sollte sich in erster Linie die Führungskraft darum bemühen, durch ihr eigenes Gesprächsverhalten eine partnerschaftliche, konstruktive Atmosphäre zu schaffen. Von einem psychologisch ungeschulten und sprachlich möglicherweise etwas unbeholfenen Mitarbeiter kann das nicht in gleichem Maß erwartet werden.

Sorgfältige Gesprächsvorbereitung

Vorbereitung als Chance Durch eine sorgfältige Vorbereitung kann man gute Voraussetzungen für einen optimalen Gesprächsverlauf schaffen. Vor dem Gespräch findet man meist die Muße, um die wichtigsten Punkte gründlich und noch mit der erforderlichen emotionalen Distanz zu durchdenken und für günstige Rahmenbedingungen zu sorgen. Es wäre fahrlässig, diese Chance nicht zu nutzen!

Die sorgfältige Vorbereitung ist eine wichtige Voraussetzung für den Erfolg eines Mitarbeitergesprächs.

Folgende Punkte dienen der *persönlichen* Gesprächsvorbereitung:

- sich den Gesprächsanlass noch einmal in Erinnerung rufen
- sich klar machen, was mit dem Gespräch als Optimum zu bewirken ist und was mindestens erreicht werden muss (Maximal- und Minimalziel)
- prüfen, ob man über alle wichtigen Sachinformationen verfügt

- sich in die Lage des Mitarbeiters versetzen und seine Gefühls- sowie Interessenlage einschätzen
- sich seine Mentalität und besonderen Eigenheiten vor Augen führen
- überlegen, was besonders wichtige oder auch kritische Punkte sein können
- sich eine zweckdienliche Gesprächsstrategie und -argumentation zurechtlegen
- die eigene Gefühlslage überprüfen

Um einen bestmöglichen Gesprächsverlauf zu erzielen, gilt es aber auch, für eine optimale *logistische* Vorbereitung zu sorgen, bei der Folgendes zu berücksichtigen ist:

- rechtzeitige Ankündigung – auch der Mitarbeiter muss sich vorbereiten können
- günstige Terminwahl – Zeitdruck vermeiden, sinnvollen zeitlichen Abstand zum Gesprächsanlass vorsehen
- störungsfreien Raum aussuchen (kein Lärm, keine Besucher oder Telefonate)
- partnerschaftliche Sitzordnung (gleiche Sitzhöhe, angemessene Distanz)
- spannungsabbauende Atmosphäre schaffen (freundlicher Raum, Erfrischungsgetränke usw.)

Diese Vorbereitungsregeln gelten letztlich für alle Arten von Mitarbeitergesprächen. Im Grunde genommen handelt es sich dabei um Selbstverständlichkeiten. Dennoch kann es leicht passieren, dass man im Alltagsgeschäft das eine oder andere übersieht. Diese kleinen Versäumnisse sind es aber oft, die sich später im Gespräch erschwerend auswirken. Im Anhang finden Sie eine ausführliche Checkliste, die dazu beitragen kann, derartigen Mängeln vorzubeugen. Die Arbeitsunterlage soll insbesondere denjenigen helfen, die noch keine Routine im Führen von Mitarbeitergesprächen erworben haben.

Checklisten für alle Gesprächsarten

Inhalte und Ablauf des Zielvereinbarungsgesprächs

In einem Zielvereinbarungsgespräch sollten im Wesentlichen folgende Punkte behandelt werden:

- Bilanz der zurückliegenden Arbeitsperiode
- Ausblick auf die künftigen Entwicklungen im Gesamtunternehmen
- künftige Anforderungen an den eigenen Organisationsbereich
- Erwartungen des Mitarbeiters an die kommende Arbeitsperiode
- Arbeitsziele des Mitarbeiters für die kommende Periode
- zu schaffende Voraussetzungen für die Aufgabenerfüllung
- gegebenenfalls erforderliche Qualifizierungsmaßnahmen für den Mitarbeiter
- Kontrollvereinbarungen

Der Erfolg eines Zielvereinbarungsgesprächs hängt maßgeblich davon ab, inwieweit es folgerichtig und zielstrebig geführt wird.

Arbeitshilfe Im Anhang finden Sie die grafische Darstellung eines bewährten Phasenschemas, das Ihnen sowohl bei der Vorbereitung als auch während des Gesprächs als Leitfaden dienen kann. Zusätzlich ist ein besonderer Leitfaden für Fördergespräche (Vereinbaren von Entwicklungszielen) abgebildet. Dieser kann ebenso in Mitarbeitergesprächen über schriftliche Beurteilungen eingesetzt werden, denn auch aus diesem Anlass wird üblicherweise über die berufliche Entwicklung des Mitarbeiters gesprochen. Die dazugehörige Checkliste für Beurteilungs-/Fördergespräche soll dazu dienen, sich bei der Vorbereitung derartiger Gespräche seine wichtigsten Argumente oder Fragen zu notieren und während des Gesprächs die wesentlichen Ergebnisse festzuhalten.

Zielvereinbarung und Ergebnissicherung

Bei allem wünschenswerten Personenbezug darf es beim Mitarbeitergespräch nicht dazu kommen, dass man das Gesprächsziel aus den Augen verliert. Das gilt in besonderem Maß für das Zielvereinbarungsgespräch. Der Mitarbeiter muss spüren, dass es die Führungskraft ernst meint und es um verbindliche Abmachungen geht.

Ergebnis-orientierung

> **Ein Zielvereinbarungsgespräch ist kein zwangloser Meinungsaustausch, sondern eine formelle, für beide Seiten verbindliche Abmachung.**

Je folgenschwerer oder komplexer die Zielvereinbarung ist, desto wichtiger ist es, sie schriftlich festzuhalten. Es hilft beiden Seiten, die vereinbarten Maßnahmen nicht aus den Augen zu verlieren und Missverständnissen vorzubeugen. Allerdings sollte die Schriftform beim Mitarbeiter nicht den Eindruck erwecken, es gehe um eine „verhandlungsschriftliche Vernehmung" oder solle auf ihn besonderer Druck ausgeübt werden. Vielmehr ist es ihm verständlich zu machen, inwiefern die Dokumentation für die Sache als solche nützlich ist, aber auch ihn selbst bei der Aufgabenerfüllung unterstützen kann.

Ergebnissicherung

Ein standardisiertes Formblatt kann dem Eindruck des persönlichen Misstrauens vorbeugen. Darüber hinaus erleichtert es die Arbeit, hält zu einer folgerichtigen Vorgehensweise an und verhindert, dass wichtige Punkte übersehen werden. In vielen Unternehmen sind heutzutage bereits Formblätter für Zielvereinbarungen vorgegeben. Wo das nicht der Fall ist, sollte man sich zumindest für den eigenen Führungsbereich eine einheitliche Schriftform schaffen. Im Anhang finden Sie ein entsprechendes Formblattmuster.

Protokollformblatt

4. Dauerhafter Führungserfolg durch Vertrauen

Wann und warum wir vertrauen

Ein Merkmal jeder Organisation – ob Wirtschaftsunternehmen, öffentliche Verwaltung, Wohltätigkeitsverband oder Sportverein – ist, dass sich Menschen zusammenfinden, um gemeinsam bestimmte Ziele zu erreichen. Indem jedes Organisationsmitglied seine spezifischen Fähigkeiten und Ressourcen einbringt sowie durch gemeinsame Kraftanstrengungen können sie Aufgaben bewältigen, zu denen sie als Einzelne nicht in der Lage wären.

Geben und Nehmen Damit Organisationen erfolgreich funktionieren, muss zwischen den Beteiligten ein ausgewogenes Geben und Nehmen gewährleistet sein. Jeder, der etwas zum gemeinsamen Vorhaben beiträgt, will darauf vertrauen können, dass sich auch die anderen bemühen und er für sich selber einen angemessenen Nutzen erzielt. Wird dieses Vertrauen nicht gerechtfertigt, wird er seine Leistungen reduzieren oder sich von der Gemeinschaft gänzlich verabschieden. Vertrauen ist somit eine zwingende Voraussetzung für die Harmonie innerhalb menschlicher Gesellschaften.

Vertrauen ist nicht selbstverständlich Dieses so wichtige gegenseitige Vertrauen ist jedoch alles andere als eine Selbstverständlichkeit! Im Gegenteil: Aufgrund einer ererbten „Urangst" vor Unbekanntem sowie gemachter schlechter Lebenserfahrungen neigen wir dazu, uns fremden Menschen gegenüber im Zweifel eher misstrauisch zu verhalten. Obwohl wir selbst ein natürliches Bedürfnis nach Vertrauen haben, schenken wir es anderen nicht so ohne weiteres.

Wie kommt es dennoch zu Vertrauen? Was ist Vertrauen überhaupt? Normalerweise vertrauen wir erst dann, wenn uns etwas nicht mehr unbekannt ist und wir damit keine schlechten Erfahrungen gemacht haben. Das kann eine Person oder Personengruppe sein, mit der wir wiederholt Umgang hatten, oder eine bestimmte Situation, die wir so oder so ähnlich schon einmal erlebt haben. Vertrauen in diesem engeren Sinn ist also nicht von vornherein gegeben, sondern entsteht erst durch Bestätigung eigener Erwartungen oder Hoffnungen. Je häufiger die Bestätigung erfolgt, desto stärker, d.h. vorbehaltloser, wird das Vertrauen.

Vertrauen
muss wachsen

Vertrauen beruht auf Vertrautheit.

Will man selber in einer neuen personellen Situation ein Vertrauensverhältnis aufbauen oder von einem anderen überhaupt erst einmal eine erste Vertrauensbestätigung erhalten, bleibt einem somit nichts anderes übrig, als sich auch ohne jegliche Erfahrung zunächst ein Stück weit auf das Geschehen einzulassen.

Am Beginn der Vertrauensbildung steht immer ein Risiko, muss man einen „Vertrauensvorschuss" einbringen: ohne Einsatz kein Gewinn!

Dieser erste, besonders risikobehaftete Schritt ist letztlich ein Akt unbegründeten Vertrauens. So betrachtet entsteht Vertrauen doch nicht ausschließlich durch bestätigte Erwartun-

Vertrauens-
vorschuss

gen, sondern erfordert ein gewisses Potenzial an Mut sowie Grundvertrauen in das Leben. Meistens versuchen wir dieses Anfangsrisiko zu minimieren, indem wir uns an Vergleichbarem orientieren. Das können sein:

- unsere Erfahrungen aus ähnlichen Begebenheiten
- allgemeingültige Regelungen oder abgesichertes Fachwissen
- Ratschläge oder Empfehlungen anderer

In diesem Sinn lässt sich Vertrauen auch folgendermaßen definieren:

Vertrauen bedeutet, es als eher unwahrscheinlich einzuschätzen, benachteiligt oder getäuscht zu werden.

Formen und Ausprägungen von Vertrauen

Vertrauen ist ein schillernder Begriff und je nachdem, worauf man ihn bezieht, lassen sich verschiedene Arten von Vertrauen unterscheiden.

Urvertrauen

spezifisches
Vertrauen

**Arten
von Vertrauen**

unspezifisches
Vertrauen

strategisches
Vertrauen

blindes
Vertrauen

Urvertrauen

Bereits unmittelbar nach unserer Geburt machen wir unsere Ersterfahrungen mit Vertrauen. Wir beginnen darauf zu vertrauen, dass es Menschen gibt, die unser Überleben sichern, dass unsere Eltern für Nahrung sorgen und uns vor Gefahren schützen. Wir lernen bald uns darauf zu verlassen, dass nach der Nacht ein Tag und nach dem Winter ein Frühling folgt. Dieses natürlich gewachsene Vertrauen nannte der Psychologe Erik H. Eriksen das „Urvertrauen", nämlich das Vertrauen in die Beständigkeit der Welt.

Eine erste Lebenserfahrung

Es ist vermutlich der Grund dafür, warum wir trotz mancher Enttäuschungen letztlich doch immer wieder vertrauen. Warum wir immer wieder darauf vertrauen, dass Eisenbahnen halbwegs pünktlich verkehren und nicht von Brücken stürzen und dass es auch morgen wieder die Zeitung und frische Brötchen geben wird. Es ist uns zur Selbstverständlichkeit geworden, dass menschliche Gesellschaften funktionieren, indem sich alle auf andere verlassen, und wir nehmen es hin, von den Leistungen anderer abhängig zu sein. Letztlich bleibt uns auch nichts anderes übrig, wenn wir ohne permanente Existenzängste durchs Leben gehen wollen.

Spezifisches Vertrauen

Anders als das diffuse Urvertrauen ist ein auf bestimmte Bereiche begrenztes Vertrauen geartet. Die Bereiche können durch gesellschaftliche Regelungen, typische Lebensumstände oder bestimmte Personenmerkmale wie Fachkompetenz, besondere Machtbefugnisse oder Charaktereigenschaften definiert sein. Wenn wir damit gute Erfahrungen gesammelt haben, werden wir fremden Menschen oder Situationen mit ähnlichen Merkmalen zumindest auf diesen speziellen Bereich bezogen vertrauen.

Begrenztes Vertrauen

Selbst einem zuverlässigen guten Freund werden wir normalerweise nicht grenzenlos vertrauen. Auch wenn er ein noch so geschickter Tischler ist, werden wir ihm nicht ohne guten Grund das Einrichten unseres neuen Computers oder das Ausfüllen unserer Steuererklärung anvertrauen. Mehr oder weniger unbewusst wird unser Vertrauen im Umgang mit anderen nahezu immer in diesem Sinn begrenzt sein. Auch wenn wir jemandem in einer bestimmten Situation unser volles Vertrauen schenken, kann es sein, dass wir ihm in einem anderen Zusammenhang misstrauen.

Unspezifisches Vertrauen

Reine Gefühlssache Ein unspezifisches Vertrauen hingegen erwächst nicht aus konkreten Erfahrungen, sondern beruht vor allem auf einer besonders starken gefühlsmäßigen Beziehung. Das kann die große Liebe, eine enge familiäre Bindung oder eine kampferprobte Kameradschaft sein oder aus der grenzenlosen Bewunderung einer überzeugenden Persönlichkeit herrühren.

Strategisches Vertrauen

Im Gegensatz zum herkömmlichen, idealisierenden Vertrauensbegriff wäre das rational eingesetzte strategische Vertrauen zu nennen. Damit ist gemeint, dass man einem anderen auch ohne besondere Vorbedingungen bewusst Vertrauen entgegenbringt, um auch ihn zu einem vertrauensvollen Verhalten zu ermutigen. Dass man ihm einen Vertrauensvorschuss anbietet, um auf diese Weise an sein Gewissen und seine Anständigkeit zu appellieren und ihn als Partner zu gewinnen. Man spekuliert darauf, dass er sich mit Vertrauen revanchiert und sich der eigene Vertrauensvorschuss auszahlt.

Ein Vertrauensvorschuss ist Vertrauen auf Probe, das sich allerdings erst rechtfertigen muss, um zu einer echten Partnerschaft zu führen.

Dieser berechnende, strategische Vertrauensvorschuss ist nüchtern betrachtet eine zielgerichtete Manipulation. In konstruktivem Sinn eingesetzt, ist diese Strategie jedoch durchaus ein legitimes Mittel, um zu einer für beide Seiten nützlichen Kooperation zu gelangen. Allerdings ist die Grenze zur Manipulation im negativen Sinn fließend und kann strategisches Vertrauen auch zur Täuschung missbraucht werden.

Legitimes Mittel

Blindes Vertrauen

Als blindes Vertrauen bezeichnet man im Allgemeinen ein Vertrauen aus Bequemlichkeit, Gedankenlosigkeit oder Leichtsinn. Es blendet jegliches Misstrauen und damit jede Vorsicht aus. Enttäuschungen und Konflikte sind somit vorprogrammiert.

Gefährlich!

Balance zwischen Vertrauen und Misstrauen

Mangelndes Vertrauen kann nur ersetzt werden durch bis ins letzte Detail geregelte Vorbedingungen und eine lückenlose Kontrolle. Ein solches Zusammenwirken ist völlig auf die Sachebene reduziert und missachtet fundamentale emotionale Bedürfnisse. Persönliche Wertschätzung, gesellschaftliche Geborgenheit und zwischenmenschliche Harmonie bleiben auf der Strecke. Die Beteiligten werden auf Dauer unzufrieden und entwickeln kein echtes Partnerschaftsgefühl. Spätestens beim Auftreten von Schwierigkeiten erweist sich die Brüchigkeit derartiger Beziehungen: Statt sich im Interesse des Ganzen gegenseitig zu unterstützen, versucht jeder, sich noch stärker abzusichern. Statt alle Energien für die Problembewältigung zu mobilisieren, werden sie für Rechtfertigungen und gegenseitige Schuldzuweisungen verschwendet. Es kommt zu unnötigen Konflikten bis hin zu destruktivem Verhalten und Sabotageakten, was sich zwangsläufig negativ auf die gesamte Zielerreichung auswirkt.

Folgen fehlenden Vertrauens

Vertrauen birgt Risiken – Misstrauen aber auch!

Notwendigkeit von Misstrauen

Ein uneingeschränktes Vertrauen ohne jegliche Vorsicht („blindes Vertrauen") führt, wie schon gesagt, mit hoher Wahrscheinlichkeit irgendwann zu einer Enttäuschung. Es gibt nun mal keine Partnerschaft, aus der beide Seiten ausschließlich Vorteile ziehen können. Irgendwann wird auch der blind Vertrauende sehend und bemerkt, was er leichtfertig hergegeben hat. Er ist enttäuscht, wenn er erkennen muss, nicht angemessen profitiert oder sogar draufgezahlt zu haben. Meist wird er die Schuld dafür dann nicht nur bei sich selbst suchen, sondern auch den Partner verantwortlich machen.

Bei allem Vertrauen ist daher stets auch ein angemessenes Maß an Vorsicht angebracht, sollte man ein so genanntes „gesundes" Misstrauen hegen. Damit eine wie auch immer geartete Kooperation auf Dauer bestehen kann, darf der Blick für die möglichen Risiken nicht verstellt sein. Bei allem Optimismus ist ein Minimum vorsorglicher Absprachen oder Regelungen unverzichtbar. Die Partner müssen sich hinsichtlich ihrer unterschiedlichen Erwartungen austauschen, um diese verständnisvoll berücksichtigen zu können. Allerdings ist blindes Vertrauen wesentlich seltener anzutreffen als unbegründetes Misstrauen!

Tragfähige Partnerschaften und Vereinbarungen erfordern ein ausgewogenes Verhältnis von Vertrauen und Misstrauen, von Risikobereitschaft und Kontrolle.

Die Balance zwischen wünschenswertem Vertrauen und zweckdienlichem Misstrauen sorgt dafür, dass ein Vertrauensverhältnis nicht zerstört wird und dass es wachsen kann.

Vertrauen in der Mitarbeiterführung

Die Mechanismen des Vertrauens im alltäglichen Umgang gelten natürlich auch im Berufsleben und dort im besonderen Maß für das Zusammenwirken von Führenden und Ausführenden.

Das Managen von Unternehmen und das Führen von Mitarbeitern sind ohne ein Mindestmaß gegenseitigen Vertrauens undenkbar.

Nur wenn Mitarbeiter erkennen, dass die Führung nicht ausschließlich den Unternehmensprofit im Auge hat, sondern sich auch um die Belange der Beschäftigten kümmert, werden sie bereit sein, sich für die geforderten Arbeiten vorbehaltlos einzusetzen. Sie müssen darauf vertrauen können, dass sie für ihr Engagement angemessen entlohnt werden und sich die Unternehmensleitung um zumutbare Arbeitsbedingungen bemüht.

Mitarbeitererwartungen

In dieser Hinsicht liegen die Mitarbeitererwartungen vorrangig auf der Sachebene. Was jedoch die unmittelbare Zusammenarbeit mit ihren Vorgesetzten anbelangt, so liegen hier die Mitarbeitererwartungen eher auf der Gefühls- bzw. Beziehungsebene. Sie erwarten, dass ein Vorgesetzter
- die Mitarbeiterleistungen wahrnimmt und anerkennt,
- ihre Persönlichkeit achtet und wertschätzt,
- sie bei auftretenden Schwierigkeiten unterstützt und
- sich auch ihrer persönlichen Sorgen und Nöte annimmt.

In umgekehrter Richtung müssen sich die Vorgesetzten darauf verlassen können, dass die Mitarbeiter
- ihre Fähigkeiten und Erfahrungen uneingeschränkt einbringen,

Vorgesetztenerwartungen

71

- sich nach besten Kräften anstrengen,
- gewissenhaft und umsichtig arbeiten,
- sich gruppendienlich verhalten sowie
- ehrlich und loyal sind.

Vertrauens-
würdigkeit: heute
wichtiger denn je

Die Vertrauenswürdigkeit der Mitarbeiter ist heute wichtiger denn je. Wie schon im Kapitel 1 „Mitarbeiterführung heute" geschildert, haben Führungskräfte heutzutage weder die Zeit noch das allumfassende Wissen, um sich mit jedem einzelnen Mitarbeiter so intensiv zu befassen, ihn so ausführlich fachlich anzuleiten und bis in alle Einzelheiten zu kontrollieren, wie das noch vor einigen Jahrzehnten möglich war.

Führungskräfte müssen sich heute in weit größerem Maß auf den guten Willen und die Verantwortungsbereitschaft ihrer Mitarbeiter verlassen können, wenn sie nicht scheitern wollen.

Gegenseitiges Vertrauen ist somit zur wichtigsten Voraussetzung erfolgreicher Mitarbeiterführung geworden.

Leichteres Führen
durch Vertrauen

Hat ein Vorgesetzter ein gesundes Vertrauensverhältnis zu seinen Mitarbeitern, muss er sich nicht mehr um alles kümmern. Dann werden ihn die Mitarbeiter auch in kritischen Situationen, wie terminliche Engpässe oder riskante Störfälle, nicht im Stich lassen. Gerade in solchen Situationen erweist es sich, inwieweit sich ein Vorgesetzter auf seine Mitarbeiter verlassen kann. Ob sie ihn im Regen stehen lassen oder sich in besonderem Maß einsetzen, um ihn nicht zu enttäuschen. Und dann wird sich der Vorgesetzte gelegentlich auch einmal eine Fehlentscheidung leisten oder im Ton vergreifen können, ohne dass die Mitarbeiter dies ausnutzen oder ihm die Gefolgschaft aufkündigen. Schließlich sind auch Führungskräfte nur Menschen, die nicht ohne Schwächen und nicht immer bei bester Laune sind.

Viele Studien weisen nach, dass sich die Qualität der unmittelbaren Beziehung zwischen Mitarbeitern und Vorgesetzten direkt auf das Unternehmensergebnis auswirkt. Wird die Beziehung von den Mitarbeitern positiv erlebt, ist die Produktivität hoch, wird sie negativ empfunden, sinkt sie.

Doch was macht die empfundene Qualität einer Mitarbeiter-Vorgesetzten-Beziehung aus? Naturgemäß lässt sich das nicht an einer einzigen Komponente festmachen, sondern spielt hierbei die gesamte Vielfalt menschlicher Gefühle, Einstellungen und Verhaltensweisen eine Rolle: persönliche Sympathie, individuelle Wertvorstellungen, Kommunikationsverhalten und vieles mehr. Nicht jeder kommt mit jedem gleichermaßen gut klar. Was aber die Bereitschaft anbelangt, sich von jemandem führen zu lassen, so ist dabei offenbar immer die Glaubwürdigkeit und Geradlinigkeit des Führenden ein wesentliches Kriterium. Man will als Mitarbeiter wissen, woran man bei seinem Vorgesetzten ist und was auch immer man von ihm zu erwarten hat. Oder anders ausgedrückt: Seine Vertrauenswürdigkeit ist entscheidend.

Glaubwürdigkeit und Geradlinigkeit

Es gibt genügend Beispiele, wo Mitarbeiter ihren Chef für zu streng halten, viele seiner Ansichten nicht teilen oder ihn sogar unsympathisch finden, sie ihm aber dennoch folgen, weil er in seinem Verhalten authentisch und konsequent ist – sie ihm vertrauen können. Menschen sind bereit, manches Fehlverhalten anderer zu tolerieren, nicht aber mangelndes Vertrauen.

Vertrauen ist die Basis jedes dauerhaften Führungserfolgs und setzt Berechenbarkeit voraus.

Zwiespältigkeit des Führens

Führungskräfte geraten zwangsläufig immer wieder in das Dilemma, sich auf der einen Seite den Belangen ihrer Mitarbeiter verpflichtet zu fühlen, andererseits häufig Entscheidungen treffen zu müssen, die sich gegen deren Interessen richten. Diese Diskrepanz lässt sich nur durch Vertrauen überbrücken. Nur wenn die Mitarbeiter davon überzeugt sind, dass es sich nicht um eine momentane Laune des Chefs oder sogar um einen Akt der Willkür handelt, werden sie auch eine ungeliebte oder gar schmerzliche Maßnahme akzeptieren. Selbst wenn der Vorgesetzte einmal ein Versprechen nicht einhalten kann, werden es ihm die Mitarbeiter nicht verübeln, sofern sie merken, dass es nicht leichtfertig, sondern aus gutem Grund geschehen ist. Wenn sie erkennen, dass der Vorgesetzte seinen Grundsätzen dennoch treu geblieben ist und sie nicht bewusst getäuscht hatte.

Mitarbeiter zu enttäuschen ist manchmal unvermeidbar – sie zu täuschen ist jedoch unverzeihbar.

Dringlichkeit oder fachliche Komplexität eines Arbeitsauftrags lassen es manchmal nicht zu, den Mitarbeitern den Sinn und Zweck einer Anweisung hinreichend verständlich zu machen. Auch in derartigen Situationen kann nur das grundlegende Vertrauen in die Kompetenz und die guten Absichten des Vorgesetzten die notwendige Maßnahmenakzeptanz dennoch sicherstellen.

Gründe für Vertrauensdefizite

Für mangelndes Mitarbeitervertrauen lassen sich in den letzten Jahren in Unternehmen zunehmend folgende Gründe ausmachen:

- Die Mitarbeiter machen wiederholt die Erfahrung, dass Veränderungen einseitig zu ihren Lasten vorgenommen werden.

Sie bekommen das Gefühl, ihr Schicksal sei der Unternehmensleitung gleichgültig, die Vorgesetzten würden sich nicht um sie kümmern.

Die Mitarbeiter gewinnen den Eindruck, man würde sie bewusst mangelhaft oder sogar falsch informieren.

Sie müssen erkennen, dass ihr jahrelanges Engagement in Krisenzeiten oder bei strategischen Unternehmensentscheidungen nichts mehr gilt.

Die Unternehmensleitung setzt bei wichtigen Entscheidungen eher auf das (teure) Expertenwissen externer Berater als auf die Erfahrungen, das Insiderwissen und die Kundenkontakte der eigenen Mitarbeiter.

Manager der oberen Hierarchieebenen sorgen mehr für ihre persönlichen Vorteile als für den Fortbestand des Unternehmens und den Erhalt der Arbeitsplätze.

Derartigen Vertrauensdefiziten ist unbedingt vorzubeugen und wo sie bereits eingetreten sind, muss versucht werden, sie durch eine geänderte Unternehmens- und Führungskultur abzubauen. Dabei ist zu bedenken:

Das Vertrauen der Mitarbeiter zu gewinnen ist nicht einfach, verspieltes zurückzugewinnen oftmals unmöglich!

Dabei ist gerade unter den heutigen wirtschaftlichen Bedingungen das gegenseitige Vertrauen in Unternehmen besonders wichtig. Die schnellen Veränderungen der Märkte erfordern oftmals schnelles Handeln der Mitarbeiter, ohne bürokratische, auf Misstrauen beruhende Barrieren überwinden zu müssen. Die kostbare Zeit muss in erster Linie „an der Front", also in den Umgang mit Kunden investiert werden und nicht für interne Koordinierungsvorgänge. Um der Konkurrenz standhalten zu können, müssen Kreativität,

**Vertrauen als Basis
schnellen Handelns**

Experimentierfreudigkeit und Risikobereitschaft der Mitarbeiter durch nichtkontrollierte Handlungsspielräume gefördert werden.

Je ausgeprägter das Vertrauensklima ist, desto mehr Verantwortungsbereitschaft entwickeln die Mitarbeiter und desto stärker identifizieren sie sich mit ihrer Arbeit und dem Unternehmen. Bei den heute fachlich oft sehr anspruchsvollen Aufgaben müssen die Spezialisten ohnehin weitgehend selbstständig arbeiten, da die Vorgesetzten deren Fachprobleme nur begrenzt verstehen. Außerdem senkt Vertrauen in die Mitarbeiter die Kosten für unprofitable Überwachungs- und Rechtfertigungsaktivitäten.

Vertrauensbildendes Führungsverhalten

Anfängliche Skepsis Vertrauen ist, wie schon gesagt, keine Selbstverständlichkeit, sondern muss erst aufgebaut werden. Es ist etwas ganz Natürliches, dass Mitarbeiter zunächst skeptisch sind, wenn sie in eine Firma neu eintreten oder einem neuen Vorgesetzten unterstellt werden. Sie wissen noch nicht, was sie erwartet – ihr natürliches Sicherheitsbedürfnis lässt sie vorsichtig sein. Andererseits sind verständlicherweise auch die Führungskräfte bestrebt, keine unvermeidbaren Risiken einzugehen und sich abzusichern. Die Folge kann sein, dass sie ihre Mitarbeiter nur innerhalb enger Grenzen nach eigenem Ermessen arbeiten lassen, ihnen die Arbeitsweise genau vorgeben und die Arbeiten regelmäßig kontrollieren. Vor allem dann, wenn sie sich von den Fähigkeiten und der Zuverlässigkeit eines Mitarbeiters noch nicht haben überzeugen können.

Beide Seiten hegen also zunächst ein berechtigtes Misstrauen, was jedoch einer Vertrauensbildung im Weg steht. Wenn es zu einer vertrauensvollen Zusammenarbeit kommen soll, muss nun mal eine der beiden Seiten einen ersten Schritt wagen und der anderen einen Vertrauensvorschuss anbieten. Es führt nichts daran vorbei, dass einer als Erster seine verständliche Skepsis ein Stück weit zurückstellt. Nur so kann ein Regelkreis in Gang gesetzt werden, der eine tragfähige Vertrauensbasis schaffen kann.

Nur Vertrauen schafft Vertrauen – Misstrauen schafft Misstrauen!

Eine entscheidende Frage dabei ist, wer den Prozess initiieren muss, wer also das Risiko des ersten Schritts wagen muss – der Mitarbeiter oder sein Vorgesetzter. Haben die persönlichen Interessen des Mitarbeiters den Vorrang oder hat die Verpflichtung der Führungskraft zur Wahrung der Unternehmensbelange Priorität?

Der erste Schritt

Es gibt zwei gute Gründe, die dafür sprechen, dass die Führungskraft den ersten Vertrauensvorschuss leistet:

Die Verantwortung für ein leistungsförderndes und konfliktfreies Klima der Zusammenarbeit liegt in erster Linie bei der Führungskraft. Diese Voraussetzungen zu schaffen ist eine der wichtigsten Führungsaufgaben überhaupt. Zu den Mitarbeiterpflichten gehört lediglich, durch das persönliche Verhalten den Betriebsfrieden nicht zu stören und betriebliche Abläufe nicht zu behindern.

Das Risiko eines (natürlich angemessen begrenzten) Vertrauensvorschusses ist für die Führungskraft in aller Regel geringer als für den Mitarbeiter. Ein fehlerhaftes Arbeitsergebnis aufgrund zu großen Vertrauens in die Fähigkeiten oder Gewissenhaftigkeit des Mitarbeiters bringt dem Vorgesetzten in aller Regel, wenn überhaupt, höchstens Ärger mit seinem eigenen Vorgesetzten ein. Hingegen kann der Mitarbeiter durch vorbehaltloses Vertrauen zum Vorgesetzten, beispielsweise durch das freimütige Eingestehen einer Unachtsamkeit oder Überforderung, seine Beförderung oder sogar seinen Job aufs Spiel setzen. Er kann dadurch seine wirtschaftliche Existenz und damit u. U. auch die einer gesamten Familie gefährden!

**Vertrauen
der Führungskraft**

vertrauenswürdiges
Mitarbeiterverhalten

vertrauensvolles
Führungsverhalten

**beim Mitarbeiter
gewecktes Vertrauen**

Regelkreis der Vertrauensbildung

Vertrauensaufbau Wie im vorstehenden Regelkreis dargestellt, drückt sich der Vertrauensvorschuss des Vorgesetzten in einem vertrauensvollen Verhalten gegenüber dem Mitarbeiter aus, was auch bei diesem Vertrauen weckt. In aller Regel wird sich der Mitarbeiter seinerseits bemühen, durch ein vertrauenswürdiges Verhalten das Vertrauen seines Vorgesetzten zu rechtfertigen, um es sich zu erhalten. Dieses vertrauenswürdige Mitarbeiterverhalten wiederum ist für den Vorgesetzten eine Bestätigung, was sein Vertrauen zum Mitarbeiter steigert. Auf diese Weise kann sich im Laufe der Zeit ein tragfähiges und dauerhaftes Vertrauensverhältnis entwickeln.

Vertrauensvolles Vorgesetztenverhalten schafft vertrauenswürdiges Mitarbeiterverhalten.

Selbstverständlich funktioniert dieser Regelkreis aber auch in entgegengesetztem Sinn: Misstraut ein Vorgesetzter seinen Mitarbeitern von vornherein und kontrolliert sie entsprechend genau, wird das auch die Mitarbeiter vorsichtig machen. Beispielsweise werden sie Fehler möglichst zu vertuschen suchen. Bemerkt dies der Vorgesetzte, scheint das sein anfängliches Misstrauen zu bestätigen. Dieses wird dadurch wachsen und er sich genötigt sehen, die Mitarbeiter noch pedantischer zu kontrollieren – der Regelkreis wird erneut durchlaufen und beschleunigt sich. Psychologen nennen das eine sich selbst erfüllende Vorhersage.

Regelkreis des Misstrauens

Da dieser negative Trend sehr leicht in Gang kommen kann, sollte man als Führungskraft tunlichst alles vermeiden, was das Vertrauen der Mitarbeiter erschüttern könnte.

Insbesondere die nachstehend geschilderten Verhaltensprinzipien einer Führungskraft wirken vertrauensbildend:

Vertrauensbildende Führungsprinzipien

- Der Vorgesetzte informiert seine Mitarbeiter ehrlich, vollständig und rechtzeitig über alle Dinge, die ihre Arbeitsaufgaben oder persönlichen Belange berühren.
- Gemachte Zusagen hält er ein oder macht es zumindest einsehbar, warum er sein Versprechen nicht aufrechterhalten kann.
- Spricht ihn ein Mitarbeiter wegen persönlicher Probleme an, nimmt er sich die Zeit, ihm zuzuhören.
- Er nimmt die Sorgen seiner Mitarbeiter nicht nur wahr, sondern setzt sich mit ihnen auseinander und versucht zu helfen.
- Auch ohne konkrete Anlässe setzt er sich für seine Mitarbeiter ein.

- Ihm anvertraute sehr persönliche oder für den Betreffenden peinliche Informationen behält er für sich und verwendet sie nicht zu dessen Nachteil.
- Er zeigt kein Interesse an schädigenden Gerüchten über andere und duldet nicht deren Verbreitung.
- Grundlegende Entscheidungen trifft er möglichst erst dann, wenn er auch die Meinungen seiner Mitarbeiter gehört hat.
- Gegen die Meinungen oder Interessen seiner Mitarbeiter entscheidet er nicht ohne triftigen Grund und nicht ohne Absprache.
- Fragen, Vorschläge oder Bedenken nimmt er ernst und setzt sich mit ihnen aufgeschlossen auseinander – auch wenn sie ihm zunächst belanglos oder sogar absurd erscheinen.
- Auch für Kritik an seiner eigenen Person ist er offen.
- Solange die Arbeitsziele oder wichtige Vorgaben nicht gefährdet werden, überlässt er es weitgehend den Mitarbeitern selbst, auf welche Weise sie vorgehen.
- Er kontrolliert nicht mehr, als es die Mitarbeiterfähigkeiten oder Fehlerrisiken erfordern.
- Fehler bespricht er möglichst unter vier Augen und ohne unnötige Schuldzuweisungen.
- Auch bei ärgerlichen Vorkommnissen bleibt er fair und höflich.
- Kritik Dritter an seinen Mitarbeitern übernimmt er nicht ungeprüft.
- Er steht zu seiner Gesamtverantwortung und stellt sich nach außen schützend vor seine Mitarbeiter.

Vertrauen kann man nicht anordnen, man muss es sich erwerben.

5. Auf den Stil kommt es an

Umgang mit menschlichen Widerständen

Wenn Menschen auf Anweisung arbeiten sollen, trifft das naturgemäß nicht immer auf deren Zustimmung. Aufgrund ihrer individuellen Mentalität, Erfahrungen und Lebenssituation haben Menschen nun mal unterschiedliche Ansichten und Bedürfnisse, die bei einem Arbeitsauftrag unterschiedliche Reaktionen auslösen können – unter anderem eben auch Skepsis, Vorbehalte oder sogar massive Widerstände.

Gründe für Widerstände

Mitarbeiterwiderstände gegen Arbeitsaufträge können folgende Gründe haben:

Entweder der Betreffende …	versteht nicht
oder er hat verstanden, aber er …	glaubt nicht
oder er hat verstanden und glaubt, aber er …	kann nicht
oder er hat verstanden und glaubt und kann, aber er …	will nicht

Will man als Führungskraft in konstruktiver Weise mit Mitarbeiterwiderständen umgehen, so ist es zunächst einmal wichtig, sie als normale Begleiterscheinungen von Arbeits-

Normale Begleiterscheinung

81

prozessen zu betrachten und nicht als generell böswilliges Verhalten. Schließlich können diese Widerstände durchaus auch Positives bewirken: Widerstände können den Vorgesetzten veranlassen,

- seine Anordnung noch einmal kritisch zu überdenken sowie plausibel zu begründen,
- sich intensiver mit möglichen Risiken oder Problemen auseinander zu setzen, sie rechtzeitig einzukalkulieren und ihnen vorzubeugen
- und können ihn sogar vor schwerwiegenden Fehlentscheidungen bewahren.

Widerstände überwinden Was jedoch nicht bedeuten soll, Widerstände von Mitarbeitern hinzunehmen. Der Führungsauftrag gebietet es, sich im Interesse der Zielerreichung mit den Widerständen von Mitarbeitern auseinander zu setzen und sie zu überwinden. Das kann auf zwei grundsätzlich unterschiedlichen Wegen geschehen:

Kooperativer Weg: Durch Überzeugung abbauen	Repressiver Weg: Durch Machtausübung brechen
Anzustrebender Weg, weil … - dadurch echtes Engagement und hohe Leistungsbereitschaft geweckt werden, - eigenverantwortliches und selbstständiges Handeln gefördert wird, - ein positives, mitmenschliches Arbeitsklima geschaffen wird, - künftigen Widerständen aus ähnlichen Anlässen vorgebeugt wird.	**Angemessener Weg, wenn …** - die Dringlichkeit keine zeitaufwendigen Erläuterungen zulässt, - der Überzeugungsaufwand unverhältnismäßig hoch wäre, - das Vorgehen wegen bindender Vorgaben nicht diskutabel ist, - keine längerfristige Zusammenarbeit angestrebt ist.
Einzig gangbarer Weg, wenn … - die Führungskraft über keine ausreichenden Machtmittel verfügt bzw. einsetzen kann.	**Einzig gangbarer Weg, wenn …** - sämtliche Überzeugungsversuche gescheitert sind, die Auftragserledigung aber unverzichtbar ist.

Die beiden letztgenannten Kriterien begrenzen den Entscheidungs- und Handlungsspielraum der Führungskraft und bringen sie in eine Zwangslage. Stellt sich bei realistischer Betrachtung sogar heraus, dass keiner der beiden Wege gangbar ist, so bleibt nichts anderes übrig, als den Arbeitsauftrag einem gutwilligeren Mitarbeiter zu übertragen, die Arbeit selber zu erledigen oder gänzlich auf sie zu verzichten, sofern vertretbar. So unbefriedigend diese Erkenntnis auch ist, muss es sich die Führungskraft eingestehen, hier an die Grenzen ihrer Durchsetzungsmöglichkeiten gelangt zu sein. Dies nicht wahrhaben zu wollen und weitere untaugliche Versuche zu unternehmen, auf den Mitarbeiter einzuwirken, können bis zur Lächerlichkeit führen!

Autoritätsverlust vermeiden

Hartnäckig einen zum Scheitern verurteilten Weg zu verfolgen, um Führungsstärke zu beweisen, führt letztlich zu Autoritätsverlusten.

Allerdings muss ein solcher Fall die seltene Ausnahme bleiben und muss dem unwilligen Mitarbeiter bewusst gemacht werden, dass sich sein Verhalten auf seine künftige Arbeitssituation nachteilig auswirken wird. Zum Beispiel durch eine entsprechende Leistungsbeurteilung, er künftig bei attraktiven Arbeitsaufgaben nicht mehr berücksichtigt wird oder bei persönlichen Sonderwünschen kein Entgegenkommen erwarten darf. Das schlechte Beispiel darf nicht Schule machen und es dürfen andere nicht den Eindruck gewinnen, auf Grund ihrer Gutwilligkeit die Arbeit Unwilliger mitmachen zu müssen.

Im Umgang mit Widerständen von Mitarbeitern beweist sich der Führungsstil eines Vorgesetzten. Sieht man von der oben geschilderten Zwangssituation ab, muss sich die Führungskraft beim Auftreten von Widerständen immer wieder neu

Eine Frage des Führungsstils

entscheiden, welchen Weg zu deren Überwindung sie gehen will. Bevorzugt sie eher den kooperativen Weg, so entspricht das einem demokratischen und personenorientierten Führungsstil. Wählt sie hingegen überwiegend den repressiven Weg, entspricht das einem autokratischen, eher sachorientierten Führungsstil. Erläuterungen dieser Fachbegriffe finden Sie im nächsten Abschnitt.

Will man den Weg des Überzeugens gehen, ist es unverzichtbar, zuvor die Ursachen für die ablehnende Mitarbeiterhaltung zu ergründen.

Dazu sollte man
- sich in die Lage des Mitarbeiters versetzen und die Dinge einmal mit seinen Augen betrachten – manchmal wird man dann feststellen müssen, dass die Vorbehalte aus seiner Perspektive gesehen durchaus verständlich sind,
- nicht versuchen, dem Mitarbeiter seine fundamentalen Wertvorstellungen und Grundsätze auszureden,
- ihm den Sinn und Nutzen des Vorhabens sowie gegebene Sachzwänge einsehbar machen und
- mit ihm gemeinsam nach einer für beide Seiten akzeptablen Vorgehensweise suchen.

Geht man auf diese Weise vor, hat man gute Chancen, die wahren Ursachen für die Widerstände eines Mitarbeiters zu erkennen und einen konstruktiven Weg zu deren Abbau zu finden.

Geht man dagegen vorschnell von einer vermuteten Ursache aus, bleibt es dem Zufall überlassen, ob man die Widerstände tatsächlich und dauerhaft beseitigen kann.

Führungsstile im Wandel

Die Geschichte der westlichen Führungslehre ist die Geschichte ihrer Führungsstile. Von jeher wurde und wird darüber kontrovers diskutiert, welcher Stil beim Führen von Menschen der erfolgversprechendste, der „richtige" sei.

Die klassischen Führungsstile

Die klassische Führungslehre unterschied lediglich zwischen zwei Führungsstilen: dem „autokratischen" und dem „demokratischen". Diese Begriffe beschreiben idealtypisch verdichtet die beiden gegensätzlichen Grundauffassungen von Menschenführung.

Alleinherrschaft

Das Wort „autokratisch" kommt vom griechischen *autokrator" = der Alleinherrscher*. Die Autokratie ist eine Regierungsform, bei der die Staatsgewalt uneingeschränkt in der Hand eines einzelnen Herrschers liegt. Er hat das alleinige Sagen, die anderen haben widerspruchslos zu gehorchen. In diesem Sinn ist auch der autokratische Führungsstil in Unternehmen zu verstehen. Er ist gekennzeichnet durch extreme Aufgaben- und Leistungsorientierung.

Autoritärer Führungsstil

Statt vom „autokratischen" wird heute überwiegend vom „autoritären" Führungsstil gesprochen. Dieser Begriff kommt vom lateinischen Wort „*auctoritas*", das so viel wie *persönliches Ansehen, Geltung* heißt. Von seiner Herkunft her drückt das Wort also eindeutig positive Persönlichkeitsmerkmale aus, ohne die eine erfolgreiche Menschenführung nicht denkbar ist. Überwiegend wird der Begriff „autoritär" heute jedoch im negativen Sinn gebraucht: Er soll ein diktatorisches, unbedingten Gehorsam forderndes Verhalten benennen – auf das der Begriff „autokratisch" allerdings viel besser zutrifft (siehe oben). Insbesondere die in den 1960er-Jahren propagierte „antiautoritäre Kindererziehung" hat dem Wort zu einem negativen Klang verholfen, obwohl selbstverständlich auch ein Erzieher auf das Ansehen bei seinen Kindern angewiesen ist, er für sie als nachahmenswertes Beispiel gelten muss.

Die ursprünglich positive Bedeutung des Wortes finden wir noch immer in der Zusammensetzung „Fachautorität". Ein Begriff, der eher Anerkennung, mitunter sogar Bewunderung ausdrückt. Auch scheint das in unserem Land durch Kaiserzeit und Hitlerdiktatur zum Negativbegriff verkommene Wort „Autorität" in letzter Zeit einen Imagewandel durchzumachen. Es mehren sich die Stimmen derer, die einen Mangel an Autoritäten in unserem Staat beklagen. Es werden Politiker vermisst, die aufgrund ihrer starken und berechenbaren Persönlichkeit das Ansehen der Bürger genießen und als Vorbilder gelten können. Und so mancher hielte es für wünschenswert, wenn die Position des Bundespräsidenten als erstem Mann im Staat mit mehr Amtsautorität – und damit mehr Macht – ausgestattet wäre.

Autokratischer Führungsstil

Im Interesse einer sauberen Sprache wird in diesem Buch ausschließlich die Bezeichnung „autokratischer" Führungsstil verwendet, die Sie aber getrost mit dem umgangssprachlichen „autoritärer" gleichsetzen können.

In der Fachliteratur sind darüber hinaus weitere Bezeichnungen für Führungsstile zu finden, die ebenfalls dem autokratischen Führen zuzurechnen sind. Der Vollständigkeit wegen sind hier die am häufigsten vorkommenden aufgezählt:

- *patriarchalischer Führungsstil:* Führung auf väterliche Weise
- *charismatischer Führungsstil:* Führung mit starker persönlicher Ausstrahlung
- *repressiver Führungsstil:* Führung mit Repressalien (Druckmitteln)

- *bürokratischer Führungsstil:* Führung mit genauen und bindenden Vorschriften

In der Bezeichnung „demokratischer Führungsstil" steckt das griechische Wort *„demos"* = das Volk. Die Demokratie ist denn auch eine Regierungsform, bei der vom Volk gewählte Vertreter die Herrschaft ausüben, also alle Macht vom Volk ausgeht. Auf die Bezeichnung „demokratischer Führungsstil" ist dieser Grundsatz jedoch nicht deckungsgleich zu übertragen: Auch in einem ausgesprochen demokratisch geführten Unternehmen werden die Führungskräfte nicht von ihren Mitarbeitern gewählt und haben nicht die Mitarbeiter die alleinigen Machtbefugnisse. In Anlehnung an den ursprünglichen Begriff ist der demokratische Führungsstil so zu verstehen, dass die Führenden die Meinungen und Belange der Mitarbeiter in ihre Entscheidungen einfließen lassen, sie ihnen ein weit gehendes Mitspracherecht einräumen – soweit angemessen und praktikabel –, wobei es hier sehr unterschiedliche Ausprägungen gibt und die Grenze zwischen noch demokratischem und schon autokratischem Führen unterschiedlich definiert wird. Im Gegensatz zur sachorientierten autokratischen Führung zeichnet sich eine demokratische durch starke Mitarbeiter- und Bedürfnisorientierung aus.

Mitspracherecht bei demokratischer Führung

In der Fachliteratur wird zuweilen das *„Laissez-faire"* als dritter klassischer Führungsstil erwähnt. Diese französischsprachige Bezeichnung benennt eine Führung, bei der Vorgesetzte ihre Mitarbeiter nach eigenem Ermessen gewähren lassen – wörtlich: „machen lassen". Das ist jedoch letztlich Nicht-Führung und ist demzufolge auch nicht als Führungsstil zu bezeichnen.

Nicht-Führung ist kein Führungsstil

Noch bis in die Mitte des vorigen Jahrhunderts hinein wurde weit gehend autokratisch geführt. Das galt nicht nur für das Militär und die Polizei, sondern mehr oder weniger

Führung in der Vergangenheit

für alle Organisationen, ob öffentlicher Dienst, Betriebe oder Vereine. Diese Art der Führung wurde über Jahrhunderte hinweg als die ökonomisch und ethisch einzig richtige angesehen. Sie wurde selbst von den Geführten als selbstverständlich akzeptiert und konnte demzufolge auch erfolgreich praktiziert werden. Autokratisches Führen entsprach den allgemeinen Machtverhältnissen, Wertvorstellungen und religiösen Grundsätzen. Selbst die Kirche predigte „Ora et labora!", auf Deutsch: „Bete und arbeite!" Ein enthaltsames und arbeitsreiches Leben zu führen, galt als gottgefällig, am Arbeitsplatz seine Pflicht zu erfüllen als hohe Tugend. Dass diese Regeln allerdings vorrangig für die ärmeren Bevölkerungsschichten galten, wurde allgemein hingenommen, und es wurde diese Geisteshaltung durch traditionelle Erziehungsgrundsätze über Generationen hinweg vermittelt.

Neuzeitliche Führungsstile

Anforderungen der Industrie

Ein rasanter wirtschaftlicher Aufschwung in den USA führte dort in den 1930er-Jahren dazu, sich über neue Führungsmodelle ernsthaft Gedanken zu machen. Die Steigerung der Produktivität in den Industrieunternehmen durch Optimierung von Arbeitsabläufen sowie Mechanisierung von Fertigungsverfahren drohte an ihre Grenzen zu gelangen. Man erkannte, dass nennenswerte Rationalisierungseffekte nur noch über den Produktionsfaktor Mensch zu erzielen wären.

Wissenschaftliche Modelle

Psychologen begannen zu erforschen, wie der Mensch am wirksamsten zu motivieren sei, und entwickelten neuartige Führungsmodelle. Das Ergebnis war damals vor allem eine Reihe so genannter *Management-by-Konzepte*, die in den USA entwickelt mit entsprechender zeitlicher Verzögerung in den 1960er- und 1970er-Jahren auch von der deutschen Führungslehre übernommen wurden. Universitätsprofessoren, Führungskräftetrainer und Fachautoren empfahlen ständig neue Varianten dieser Konzepte und priesen sie mitunter mit missionarischem Eifer als Erfolgsrezepte zur Überwindung aller Führungsprobleme. Heute gehören sie der Geschichte an und es wird ihnen für die Praxis keine nennenswerte Bedeutung mehr zugemessen. Dennoch werden sie auch heute noch gelegentlich erwähnt und es wird auf sie Bezug genommen. Da es somit zum Fachwissen einer Führungskraft gehört, eine Vorstellung von diesen Begriffen zu haben, sind die wichtigsten von ihnen im Folgenden kurz erläutert.

Das in den 1960er-Jahren entwickelte *„Management by Objectives" (MbO)* war das erste und sicher auch bedeutendste dieser neuen Führungskonzepte, an das die nachfolgenden letztlich anknüpften. In seiner ursprünglichen Form kann man es übersetzen mit „Führen durch Zielvorgabe". Der Grundgedanke war, sich als Führungskraft weitestgehend darauf zu beschränken, den Mitarbeitern präzise Ziele vorzugeben und es ihnen zu überlassen, auf welchen Wegen sie diese erreichen. Es ihnen also freizustellen, welche Mittel sie einsetzen und welche Maßnahmen sie ergreifen.

Management by Objektives

Die angestrebten positiven Effekte sind die folgenden:
Die Führungskraft muss sich während der Ausführung nicht um alles kümmern und kann sich mehr den grundsätzlichen Angelegenheiten widmen.
Den Mitarbeitern wiederum wird dadurch ein hohes Maß an Selbstständigkeit und Eigenverantwortlichkeit eingeräumt, was sich im Allgemeinen motivierend auswirkt.

Zahlreiche Unternehmen führten diesen Führungsstil verbindlich ein und praktizierten ihn mit guten Erfolgen. Manche von ihnen haben diesen Führungsgrundsatz noch bis in die heutige Zeit hinein beibehalten. Allerdings zeigte es sich in der Praxis, dass diese Art des Führens auch ihre Schwächen hat: Nicht immer wählen Mitarbeiter diejenigen

Schwächen in der Praxis

Wege zur Zielerreichung, die im Sinne der Führung sind. So kann beispielsweise beim Abwickeln eines Arbeitsauftrags trotz vorgabengerechter Zielerreichung ein unnötig hoher Materialeinsatz im Widerspruch zu den Sparbemühungen des Unternehmens stehen.

Entlastung der Führungskräfte

Während der letzten Jahrzehnte hat jedoch die Grundidee des *MbO* wieder an Aktualität gewonnen. Als Folge des Einsparens ganzer Führungsebenen mussten Wege zur Entlastung der verbliebenen Führungskräfte gefunden werden. Als ein Ergebnis dieser Überlegungen wurde als neues Führungskonzept das „Führen durch Zielvereinbarung" geboren. In Abwandlung des *MbO* werden hierbei nicht nur klare Ziele vorgegeben, sondern die Mitarbeiter bereits bei der Zielformulierung verantwortlich beteiligt und die Ziele in beiderseitiger Vereinbarung festgelegt (siehe hierzu auch der Abschnitt „Führen durch Zielvereinbarung" im Kapitel 3 „Wer treffen soll, braucht ein Ziel"). In manchen Fachbüchern wird diese neuzeitliche Variante allerdings ebenfalls als *„Management by Objectives"* bezeichnet.

Management by Delegation

Im Sinne des *„Management by Delegation" (MbD)* oder auch „Führen durch Delegation" sind nicht nur Arbeiten und damit Handlungsverantwortlichkeiten zu delegieren, sondern ist den Ausführenden gleichzeitig ein Höchstmaß an Entscheidungsverantwortung zu übertragen. Im Bereich der ihnen zugewiesenen Aufgaben sind sie selbstständig tätig. Sie haben sich dabei lediglich an den übergeordneten Unternehmensgrundsätzen, allgemein gültigen Regelungen (Stellenbeschreibungen, Vergaberichtlinien usw.) sowie den jeweiligen Bereichszielen zu orientieren. Es sei denn, der unmittelbare Vorgesetzte macht in begründeten Ausnahmefällen weiter gehende Detailvorgaben.

Wie bei allen anderen *Management-by-Konzepten* hat die Praxis auch beim *MbD* einige Schwachstellen offenbart. Es bietet die Möglichkeit zum missbräuchlichen Abschieben unbequemer Führungsverantwortung oder kann zu vermehrten Grundsatzregelungen führen, die trotz der Selbstständigkeit der Mitarbeiter einheitliche Vorgehensweisen im Sinne der Unternehmensleitung gewährleisten sollen. Und die dann zwecks persönlicher Absicherung oft buchstabengetreu angewendet werden. Hinzu kommt, dass für besonders vorsichtige Führungskräfte die Versuchung groß ist, sich trotz Verantwortungsdelegation in die Arbeiten ihrer Mitarbeiter stärker als vorgesehen einzumischen. Was bei den Betroffenen logischerweise zu besonders großen Enttäuschungen, reduzierter Risikobereitschaft und schließlich zu Rückdelegationen führt.

Das „*Management by Exception*" beruht auf dem Prinzip des „Führens im Ausnahmefall". Das heißt, Vorgesetzte greifen nur dann ein, wenn unplanmäßige Ausnahmesituationen eintreten oder Fehlentwicklungen erkennbar werden. Einer der Nachteile: Mit den Mitarbeitern muss vorrangig über Negatives gesprochen werden, wie Kenntnisdefizite, Abweichungen von den Soll-Vorgaben, fehlerhaftes Arbeiten oder Kompetenzüberschreitungen, was auf Dauer zu einer negativen Grundhaltung führen kann. Außerdem setzt das Konzept zwingend voraus, dass die Mitarbeiter ihre Vorgesetzten über Probleme ehrlich und rechtzeitig informieren.

Management by Exception

Das „*Management by Results*" („Führen mit Resultaten") beinhaltet sowohl Elemente des „*Management by Objectives*" als auch des „*Management by Exception*". Bei diesem Konzept konzentriert sich die Führungskraft im Wesentlichen auf das Vorgeben sowie Kontrollieren von Arbeitsergebnissen. Sie beschränkt ihre Aktivitäten also auf den Start und das Ende der Arbeitsvorgänge – mit allen Vor- und Nachteilen dieses Führungsverhaltens.

Management by Results

Management by Participation

Schließlich sei hier noch das *„Management by Participation"*, das „Führen durch Beteiligung", beschrieben. Dieses Konzept basiert auf einer ganzheitlichen Beteiligung der Mitarbeiter: vom Festlegen der Unternehmensziele über die Arbeitsgestaltung bis hin zur Beteiligung an den Unternehmensgewinnen. Die „Mit-Arbeiter" werden somit zu „Mit-Unternehmern" – mit (fast) allen Rechten und Pflichten, allen Chancen und Risiken. Grundgedanken hieraus finden sich auch heute in manchen Unternehmensmodellen der gewinnbezogenen Entlohnung und Arbeitszeit, selbstbestimmten Arbeitsplatzgestaltung oder Vermögensbeteiligung der Mitarbeiter.

Andere Management-by-Konzepte

Aus der Vielzahl der darüber hinaus entwickelten *Management-by-Konzepte* seien die bekanntesten hier wenigstens genannt und übersetzt:

Management by Communications	=	Führen durch Kommunikation
Management by Control	=	Führen durch Kontrolle
Management by Cooperation	=	Führen durch Partnerschaft
Management by Coordination	=	Führen durch Koordination
Management by Decision-Rules	=	Führen durch Entscheidungsregeln
Management by Information	=	Führen durch Information
Management by Innovation	=	Führen durch Innovation
Management by Motivation	=	Führen durch Motivation
Management by Planning	=	Führen durch Planen

Die Benennungen lassen die den Konzepten zugrunde liegenden Philosophien weitgehend erkennen.

Inflation der Konzepte

Bei näherer Betrachtung ist festzustellen, dass sich alle *Management-by-Konzepte* irgendwo überschneiden und manche sogar nahezu deckungsgleich sind. Das geradezu inflationäre Erfinden neuer Konzepte führte nach anfänglicher Euphorie schließlich dazu, dass sowohl die Unternehmensleitungen, Führungskräfte und Mitarbeiter als auch die Weiterbildner und Berater zunehmend verwirrt wurden. Von vielen wurden die Führungskonzepte letzten Endes pauschal verworfen, für manche wurde sogar die Führungspsychologie als Ganzes unglaubwürdig.

Harzburger Modell

Die aus Amerika herüberkommenden Führungskonzepte ließen auch die deutschen Experten nicht ruhen und motivierten sie, eigene Modelle zu entwerfen. Das wohl am bekanntesten gewordene deutsche Führungsmodell jener Zeit war das *„Harzburger Modell"* (auch „Führung im Mitarbeiterverhältnis"). Seinen Namen verdankt es seiner Herkunft: Es wurde 1970 von der Akademie für Führungskräfte der Wirtschaft in Bad Harzburg auf Initiative ihres damaligen Leiters Reinhard Höhn entwickelt. Ähnlich dem *„Management by Delegation"* beruht es auf dem Grundsatz der Delegation von Verantwortung und Entscheidungsbefugnissen. Insbesondere durch die Akademie selber fand es in Deutschland weite Verbreitung. In einigen Unternehmen gilt es noch heute als das verbindliche Führungskonzept. Von Kritikern wurde gegen dieses Modell ins Feld geführt, dass es sehr formalistisch ist, eine unflexible Bürokratie fördert, dem Mitarbeiter wenig Raum für Selbstkontrolle bietet und somit letztlich doch autokratischen Charakter bekommen kann.

Kooperativer Führungsstil Weite Verbreitung fand der so genannte „kooperative Führungsstil" – vergleichbar mit dem *„Management by Cooperation"*. Er beschreibt eine personenorientierte Art des Führens, bei der die Mitarbeiter nicht als Untergebene oder Befehlsempfänger gesehen und behandelt werden, sondern als menschlich gleichwertige Partner in einem Unternehmensprozess – im Gegensatz zu einer sach- und ergebnisorientierten Führung, bei der die Unternehmensorganisation und betriebswirtschaftliche Belange stets höchste Priorität haben. Auch dieser Führungsstil wird noch heute in manchen Organisationen propagiert. In der Fachliteratur und Führungskräfteweiterbildung steht der Begriff oft als Synonym für ein demokratisches oder ein gleichermaßen personen- und leistungsorientiertes Führen. Das bedeutet, die Unternehmensinteressen und die Mitarbeiterbelange sind jederzeit in partnerschaftlichem Sinne zum Wohl des Ganzen gegeneinander abzuwägen.

Autokratisch oder demokratisch führen?

Verwirrende Vielfalt Die vielfältigen Bestrebungen bis in die zweite Hälfte des vorigen Jahrhunderts hinein, neuartige Führungsstile zu entwerfen und in den Unternehmen zu installieren, waren zweifellos nützliche Experimente und verschafften der Führungspsychologie den längst fälligen Stellenwert. Sie erzeugten jedoch auch Irritationen und Enttäuschungen. Zunehmend fragten sich Vorgesetzte und Lehrkräfte zu Recht, wenn es denn einen optimalen, „richtigen" Führungsstil gäbe, so könne das doch nur auf eines der zahlreichen Modelle zutreffen. Ähnlich den vielen Religionen auf der Welt, die ebenfalls alle für sich in Anspruch nehmen, die einzig richtige zu sein!

Letztlich waren die zahlreichen damals propagierten Führungsstile und Führungskonzepte alle dem klassischen demokratischen Führungsstil zuzurechnen.

Sie alle waren geprägt vom Bestreben, die Mitarbeiter mitgestalten zu lassen, ihnen mehr Eigenverantwortung zu übertragen und selbstständiges Handeln zu ermöglichen. Ihre Unterschiede lagen lediglich in den Schwerpunktsetzungen sowie in der Wahl der vorrangig einzusetzenden Führungstechniken und Führungsinstrumente. Im Übrigen beschrieben die Modelle teilweise Einzelheiten, die in der Führungspraxis ohnehin nicht immer lupenrein und theoriegerecht umzusetzen waren. Führungskräfte müssen nun mal oft sofort entscheiden und handeln. Es bleibt ihnen dann keine Zeit, sich zunächst die detaillierten Verhaltensvorgaben eines theoretischen Konzepts ins Bewusstsein zu rufen, um sie zu beachten – und manchmal lassen spontane Emotionen es auch nicht zu.

Unterschiede in der Schwerpunktsetzung

Bliebe dann also doch nur, wie in der klassischen Führungslehre, zwischen dem autokratischen und dem demokratischen Führungsstil zu wählen? Bei den Diskussionen um die richtige Art des Führens geht es denn auch im Grunde genommen meist nur um diese beiden gegensätzlichen Pole. Betrachten wir einmal, welche Argumente für die eine und welche für die andere Art des Führens sprechen:

Nur zwei Alternativen?

Mögliche positive Auswirkungen des autokratischen Führens	Mögliche positive Auswirkungen des demokratischen Führens
unanzweifelbare Amtsautorität	überzeugende Persönlichkeitsautorität
eindeutige Weisungsbefugnisse	Mitsprachemöglichkeiten der Mitarbeiter
Wissensvorsprung der Führung	breites Vertreterpotenzial
schnelle Entscheidungen	praxisnahe Entscheidungen
kein Infragestellen von Entscheidungen	echte Akzeptanz von Entscheidungen
geringer Überzeugungsaufwand	Nutzung der Mitarbeitererfahrungen/-ideen
keine langwierigen Meinungsbildungen	Anregungen durch kontroverse Debatten
geringer Koordinierungsbedarf	Wissens- und Erfahrungsaustausch
direkte Aufgabenzuweisungen	Synergieeffekte durch Teams/Netzwerke
geringes Eigenrisiko der Mitarbeiter	hohes Verantwortungsbewusstsein
präzise Durchführungsanweisungen	kreative Gestaltungsmöglichkeiten
unmittelbares Eingreifen der Führung	Selbstständigkeit der Mitarbeiter
klar geregelte Instanzenwege	lockere, persönliche Zusammenarbeit
aktivierende Leistungskontrollen	hohe Eigenmotivation der Mitarbeiter
direkte Zuordenbarkeit von Fehlern	Chancen selbstständiger Fehlerkorrektur

Wie man sieht, weisen *beide* Führungsstile eine ganze Reihe von Vorzügen auf, die sich durchaus noch fortsetzen ließe. Allerdings lassen sich je nach Betrachtungsweise und persönlichen Wertvorstellungen manche der genannten Aspekte sowohl positiv als auch negativ interpretieren.

Eine klare Aussage darüber, welche der beiden Arten des Führens die eindeutig bessere ist, lässt sich demzufolge nicht treffen.

Kein Entweder-oder, sondern situationsgerecht führen!

Die Erfahrung lehrt, dass es auch maßgeblich von bestimmten Persönlichkeitsmerkmalen der Führungskraft selbst abhängen kann, ob sich die einzelnen Komponenten eines Führungsstils in der Praxis positiv oder negativ auswirken. Während der eine Vorgesetzte gerade wegen seines konsequenten Verfolgens gesteckter Ziele von seinen Mitarbeitern geschätzt wird, wird ein anderer mit gleicher Grundhaltung als stur und rücksichtslos kritisiert. Beispielsweise können Unterschiede in der Wortwahl, Mimik oder Stimme zu unterschiedlichen Reaktionen führen, manchmal aber auch das Lebensalter oder Fachwissen des Vorgesetzten. Die Reihe dieser Persönlichkeitseinflüsse ließe sich mühelos fortführen.

Vorgesetzten-persönlichkeit

Darüber hinaus spielen die verschiedenartigen Mitarbeitermentalitäten eine wichtige Rolle. Es gibt ausgesprochen selbstbewusste Mitarbeiter, die es bevorzugen, als mündige Partner behandelt zu werden und selbstständig arbeiten zu können, hingegen ängstlichere, die lieber angeleitet werden wollen. Diese unterschiedlichen persönlichen Reifegrade von Mitarbeitern sind oft ein Ergebnis früherer Führung. Dadurch wird manchmal ein und derselbe Führungsstil von den Geführten sehr unterschiedlich aufgenommen. Für einen situationsgerechten Führungsstil sind daher auch die Mitarbeitergewohnheiten zu berücksichtigen.

Mitarbeiter-mentalitäten

Darüber hinaus spielt selbstverständlich auch der jeweilige Anlass mit seinen spezifischen Gegebenheiten eine wesentliche Rolle. Wenn beispielsweise der Leiter einer Feuerwache für ein besonders gefahrenträchtiges öffentliches Gebäude vorsorglich einen Einsatzplan erstellen will, so kann er dazu sowohl einen autokratischen als auch demokratischen Weg

Problemspezifische Einflüsse

wählen: Er kann den Plan entweder selbst ausarbeiten oder ihn während einer alarmfreien Phase im Meinungsaustausch mit seinen Feuerwehrleuten entwerfen. Mit hoher Wahrscheinlichkeit würde die demokratische Vorgehensweise durch die Berücksichtigung der Praxiserfahrungen und Ideen seiner Mitarbeiter zu einem besseren Ergebnis führen. Außerdem würde er dabei automatisch die Beteiligten ausführlich informieren und würden sie sich mit dem neuen Plan stärker identifizieren können. Geht jedoch tatsächlich ein Feueralarm ein, so wäre es angesichts des brennenden Hauses und um Hilfe rufender Menschen im wahrsten Sinne des Wortes lebensgefährlich, wenn der Einsatzleiter es mit seinen Leuten zunächst ausdiskutieren würde, ob sie in diesem Fall nach Variante A oder B des Einsatzplans vorgehen wollen. Hier gibt es nur eines: Kraft seines Amts hat er autokratisch anzuordnen, welche Maßnahmen zu ergreifen sind. Danach kann er immer noch eine Manöverkritik abhalten, in der sich seine Mitarbeiter im Sinn demokratischen Führens einbringen können.

Gesamtsituation entscheidet

Schon dieses eine Beispiel macht deutlich, dass viele Faktoren für die Wahl des geeignetsten Führungsverhaltens eine wichtige Rolle spielen. Neben den menschlichen Faktoren in ihrer enormen Vielfalt kommt es auch auf den jeweiligen Vorfall und die gesamten Rahmenbedingungen an. Mit anderen Worten: In der Praxis ist es die Gesamtheit aller Elemente einer Führungssituation, die darüber entscheidet, ob die eine oder andere Art des Führens zu bevorzugen ist.

Situativer Führungsstil

Erst in den 1970er-Jahren, also erstaunlich spät, setzte sich auch bei den Theoretikern die Einsicht durch, dass die Versuche der vergangenen Jahrzehnte, den Führungskräften ein konkret beschriebenes, allgemein gültiges Führungskonzept an die Hand zu geben, scheitern mussten. Daher die heute weitgehend unstrittige Empfehlung, situationsgerecht zu führen bzw. den „situativen Führungsstil" zu praktizieren. Er beinhaltet sowohl eine autokratische als auch eine demokratische Komponente, deren Gewichte auf jeden Einzelfall bezogen abzuwägen sind.

Damit war die lange Führungsstildebatte vom Tisch und die Wissenschaft aus dem Schneider! Doch ist die alleinige Aussage, man müsse situationsgerecht führen, für den Praktiker nicht sonderlich hilfreich. Vielmehr stellt sich in jedem Einzelfall immer wieder die Frage, um welche Art von Situation es sich handelt, um tatsächlich „situationsgerecht" vorgehen zu können.

Die Konsequenz, die sich für die praktische Mitarbeiterführung ergibt, lässt sich auf folgende knappe Formel bringen:

Die hohe Kunst des Führens besteht heutzutage darin, die jeweilige Situation zutreffend einzuschätzen, um dann situationsgerecht zu agieren.

Aber welche Wertmaßstäbe sind dabei anzulegen? Was ist in diesem Zusammenhang überhaupt unter „Situation" zu verstehen?

Demokratisch geprägter situativer Führungsstil

In erster Linie ist eine Führungssituation durch folgende Elemente charakterisiert:

Personale Elemente

- Vorgesetztenpersönlichkeit
- Mitarbeiterpersönlichkeit
- persönliche Interessenlagen
- Kenntnisstand der Beteiligten

Organisatorische Elemente

- Zielsetzungen, Aufgabenarten
- Zuständigkeitsregelungen
- Gruppenzusammensetzung
- Arbeitsabläufe
- Arbeitsbedingungen

Soziale Elemente

- allgemeines Arbeitsklima
- Vorgesetzten-Mitarbeiter-Beziehung
- Beziehungen der Gruppenmitglieder
- Gewohnheiten, Verhaltensnormen

Fallspezifische Elemente

- Problemanlass
- Problemauswirkungen
- Wichtigkeit, Dringlichkeit
- aktuelle Stimmungslage
- Erfahrungen aus ähnlichen Situationen

Vielfalt der Einflüsse

Wie man sieht, ist es eine kaum überschaubare Vielfalt an Einflüssen, die bei der Entscheidung für das eigene Führungsverhalten zu berücksichtigen sind. Bei dem geschilderten Feuerwehrbeispiel fällt die Beurteilung noch leicht. Hier liegen die relevanten Aspekte klar auf der Hand. Die Mehrzahl der Führungssituationen ist jedoch durchaus nicht so eindeutig strukturiert. Hier liegen die Vorzüge der autokratischen und demokratischen Vorgehensweise oft dicht beieinander, können beide Wege zu annähernd gleich guten Ergebnissen führen.

Demzufolge sind die Anforderungen an die Sozialkompetenz von Führungskräften bei einem modernen, situationsgerechten Führungsstil besonders hoch.

Situationsgerechtes Führen erfordert ein psychologisch fundiertes und zeitgemäßes Führungsverständnis sowie ein hohes Maß an Einfühlungsvermögen.

Als Führungskraft sollte man eines nie außer Acht lassen: Jede Führungsmaßnahme und jedes Führungsverhalten hat stets eine Zukunftsdimension, die es zu berücksichtigen gilt. Mit der Art des Verhaltens in einer aktuellen Situation setzt man automatisch Maßstäbe für die Zukunft, an denen die Mitarbeiter einen in künftigen ähnlichen Situationen messen werden. Was man heute zulässt, kann man morgen nicht untersagen, ohne Enttäuschungen auszulösen und irgendwann unglaubwürdig zu werden. Außerdem nimmt man mit jeder Führungsmaßnahme Einfluss auf die Überzeugungen und Grundeinstellungen seiner Mitarbeiter, wirkt man sozusagen erziehend.

Zukunftsdimension beachten

Wenn also eine Situation nicht eindeutig in eine bestimmte Richtung weist, sollte man sich als Führungskraft bei der Wahl zwischen autokratischem oder demokratischem Vorgehen vor allem daran orientieren, welche Mitarbeitereinstellungen man langfristig bewirken will. Oder anders ausgedrückt: Man muss wissen, welche Art von Mitarbeitern das Unternehmen benötigt und man sich selbst wünscht. Ob man weitgehend selbstständig und eigenverantwortlich tätige Mitarbeiter anstrebt oder solche, die vor allem vorgabengerecht und diszipliniert arbeiten. Ob man von seinen Mitarbeitern in erster Linie ein hohes, langfristig ausgerichtetes Engagement und eine intensive Identifizierung mit der Arbeit und dem Unternehmen erwirken will oder nur kurzfristig hohe Leistungen ohne zeitraubende Diskussionen. Beide Erwartungen haben je nach Art der Unternehmens- und Arbeitsziele ihre Berechtigung.

Zielsetzungen beachten

Im Zweifel demokratisch Angesichts der heutigen gesellschaftlichen Gesamtsituation und des heutigen Selbstverständnisses von Mitarbeitern lässt sich jedoch Folgendes sagen: Eine Führungskraft kann auf Dauer nur dann erfolgreich sein, wenn sie überwiegend im Sinn des demokratischen Führungsstils führt und nur dann davon abweicht, wenn in einer konkreten Situation die Vorzüge des autokratischen Führens deutlich überwiegen. Nur eine derartige Grundhaltung wird den Gegebenheiten unserer Zeit gerecht.

Eine erfolgreiche Mitarbeiterführung erfordert unter den heutigen gesellschaftlichen und wirtschaftlichen Bedingungen einen demokratisch geprägten situativen Führungsstil.

Demokratisches, mitarbeiterorientiertes Führen erfordert allerdings einen langen Atem und ist meist von gelegentlichen Enttäuschungen begleitet. Das darf jedoch nicht entmutigen. Es gibt keinen Führungsstil, der nur Erfolge beschert!

Langfristig zahlt sich ein demokratisch orientierter Führungsstil durch gesteigerte Arbeitserfolge, angenehmes Betriebsklima sowie Freude am Führen aus.

Authentisches Führungsverhalten Entscheidend ist, dass man sich zu seinen Grundsätzen bekennt und in seinem Verhalten authentisch ist. Es genügt nicht, nur der Vernunft gehorchend die Logik einer bestimmten Führungsmethodik zu bejahen. Steht man nicht auch mit seinen Gefühlen und dem eigenen Bild vom Menschen uneingeschränkt dazu, merken das die Mitarbeiter bald und man verliert seine Glaubwürdigkeit.

Mitarbeiter wünschen sich vom Vorgesetztenverhalten vor allem Verlässlichkeit und Glaubwürdigkeit. Sie wollen wissen, woran sie sind und woran sie ihr eigenes Verhalten orientieren können.

Der mit Sicherheit schlechteste Führungsstil ist der, aus mangelnder Überzeugung oder je nach momentaner Stimmung heute demokratisch und morgen autokratisch vorzugehen.

Auch in unserer heutigen demokratisch geprägten Gesellschaft gibt es genügend Beispiele ausgesprochen autokratischer Vorgesetzter, die dennoch sehr erfolgreich sind und von den Geführten – wenn nicht gerade geliebt so doch – geschätzt, manchmal sogar verehrt werden. Das sind diejenigen Führenden, die fast immer die richtige Entscheidung treffen, von anderen hohe Leistungen verlangen, sich aber auch selber nicht schonen und überzeugende Vorbilder sind. Und die sich in kritischen Situationen vor ihre Leute stellen. Ein derartiges autokratisches, mitunter auch patriarchalisch wirkendes Führungsverhalten setzt jedoch heute mehr denn je eine reife, imponierende Persönlichkeit mit großer Lebens- und Berufserfahrung voraus.

Vor allem Vorbild sein!

Delegation als Führungsmethode

Im engeren Sinn versteht man unter dem Begriff „Delegation" lediglich das Zuweisen von Tätigkeiten und wird dieses den Führungsinstrumenten zurechnen. Wird hingegen mit den Tätigkeiten auch weitgehende Verantwortung delegiert, so dokumentiert das einen demokratischen Führungsstil und dann kann Delegation auch als eine Führungsmethode bezeichnet werden.

Delegieren von Verantwortung Während es als selbstverständlich gilt, Arbeiten an nachgeordnete Mitarbeiter zu delegieren, hängt es vom Führungsverständnis der Führungskraft ab, inwieweit sie bereit ist, ihnen auch Eigenverantwortung zu übertragen und ihnen die entsprechenden Befugnisse einzuräumen. Je demokratischer jemand führt, desto eigenverantwortlicher wird er seine Mitarbeiter handeln lassen. Im Folgenden soll der Begriff in diesem Sinn verstanden sein.

Das Delegieren von Verantwortung nützt sowohl der Führungskraft als auch den Mitarbeitern:

Nutzen für die Führungskraft	Nutzen für die Mitarbeiter
Entlastung zugunsten wichtigerer Führungsaufgaben	Chancen für motivierende Erfolgserlebnisse
Lösung auftretender Probleme auch bei Abwesenheit des Vorgesetzten	Stärkung von Verantwortungsbewusstsein und Risikobereitschaft
Heranbilden von Mitarbeitern für längerfristige Vorgesetztenvertretungen	Entwickeln von Selbstständigkeit, Kreativität, Entscheidungsfähigkeit
Erkennen verborgener Qualitäten und Entwicklungspotenziale von Mitarbeitern	Erwerb neuer Fähigkeiten durch Erfahrungen, bessere Aufstiegschancen

Obwohl es also eine Reihe guter Argumente für das Delegieren von Verantwortung gibt, tun sich Führungskräfte oftmals schwer damit. Schließlich bedeutet es für sie auch
- Macht abzugeben (weniger Einflussnahme auf den Arbeitsprozess!) und
- Risiken einzugehen (Fähigkeiten und Zuverlässigkeit der Mitarbeiter?).

Zwiespältigkeit der Führungsrolle Das gilt durchaus auch für Führungskräfte, die grundsätzlich demokratisch führen wollen. Gerade sie kommen schnell in den Zwiespalt, bei einem Arbeitsauftrag dem Mitarbeiter einerseits weitgehende Eigenverantwortlichkeit zubilligen zu wollen, sich andererseits aber unsicher zu sein, ob sie die damit verbundenen Risiken vertreten können. Weniger Risikofreudige lösen den Konflikt dann manchmal auf die Weise, dass sie die Arbeit lieber selber erledigen, als detaillierte Arbeitsanweisungen zu geben und autokratisch zu wirken.

Selbstverständlich hat jede Verantwortungsdelegation auch ihre Grenzen. Sie zu erkennen fällt leichter, wenn man sich die unterschiedlichen Arten von Verantwortung und die daraus resultierenden Konsequenzen klar macht.

Grenzen der Delegation

Die Handlungsverantwortung

Mit jedem Arbeitsauftrag wird automatisch auch die Handlungsverantwortung delegiert.

Mit einem Arbeitsauftrag übernimmt der Mitarbeiter zwangsläufig die Verantwortung dafür, dass er die in seinem Arbeitsvertrag verankerten Pflichten nach besten Kräften erfüllt. Das heißt, auch ohne besondere Anweisungen muss er bei seiner Aufgabenerfüllung

Generelle Mitarbeiterpflichten

sich anstrengen und **korrekt arbeiten**

Es gehört zu den selbstverständlichen Sorgfaltspflichten eines jeden Mitarbeiters,

- die vereinbarten bzw. allgemein gültigen Regeln zu beachten und
- seine durch Ausbildung oder Einarbeitung erworbenen Fähigkeiten einzubringen.

Auch ohne ausdrückliche Ermahnung seines Vorgesetzten hat ein Lieferfahrer die Bestimmungen der Straßenverkehrsordnung zu beachten und wird bei Verstößen von der Polizei direkt zur Verantwortung gezogen.

Beispiel

Die Entscheidungsverantwortung

Ganz anders liegen die Dinge bei dieser Verantwortungsart.

Wie in ungeplanten Situationen zu verfahren ist, liegt grundsätzlich in der Entscheidungsverantwortung des Vorgesetzten. Diese kann aber, soweit nützlich und vertretbar, fallweise delegiert werden.

Nutzen und Risiken abwägen Dabei sind der erzielbare Nutzen einerseits sowie der Aufwand und die Risiken andererseits gegeneinander abzuwägen:

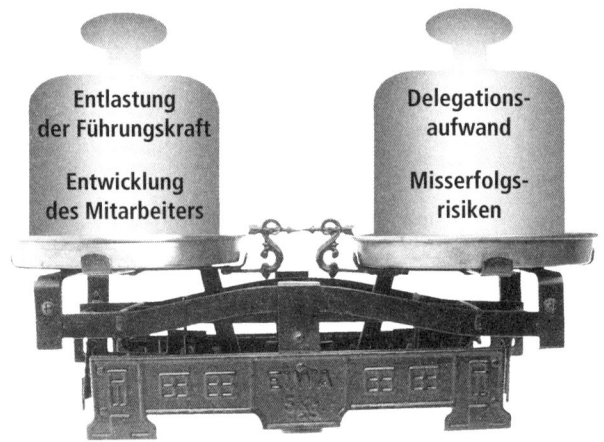

Der erhöhte Delegationsaufwand besteht darin, dass dem Mitarbeiter naturgemäß mehr Informationen gegeben werden müssen, wenn er nicht nur strikt nach Anweisung arbeiten, sondern auch verantwortlich Entscheidungen treffen soll.

Misserfolgsrisiken können beispielsweise resultieren aus:
- missverstandenen Informationen
- Überforderung des Mitarbeiters
- mangelndem Engagement des Mitarbeiters

Es wird die Motivation des Lieferfahrers steigern, wenn man ihm die eigenverantwortliche Festlegung seiner täglichen Fahrtroute überlässt. Andererseits geht man dabei das Risiko ein, dass er die Dringlichkeit eines Kundenauftrags falsch einschätzt und zu spät liefert.   **Beispiel**

Die Gesamtverantwortung

Die Gesamtverantwortung für den eigenen Führungsbereich ist ureigenster Bestandteil des Führungsauftrags und somit grundsätzlich nicht delegierbar.

Auch im vorstehend beschriebenen Fall verbleibt die Gesamtverantwortung trotz der Entscheidungsdelegation beim Vorgesetzten. Letzten Endes hat er die Folgen einer Fehlentscheidung seines Mitarbeiters gegenüber der Unternehmensleitung zu vertreten.   **Beispiel**

Der Grundsatz der Gesamtverantwortung gilt sogar bei Abwesenheit der Führungskraft (z.B. wegen Urlaubs): Der Vorgesetzte muss rechtzeitig Vorsorge dafür treffen, dass   **Gesamtverantwortung auch bei Abwesenheit**
- die Arbeiten so organisiert,
- die Mitarbeiter so qualifiziert und
- die Vertretungsfragen so geregelt wurden,
- dass es auch während seiner Abwesenheit zu keinen vermeidbaren Schwierigkeiten kommen kann.

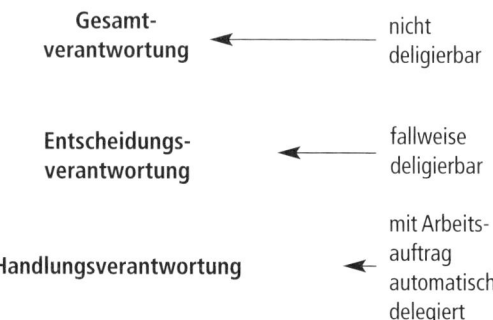

Verantwortungshierarchie

Delegationseignung Wägt man den erzielbaren Nutzen gegen die möglichen Risiken ab, so erkennt man Aufgabenarten, die sich für die Delegation von Entscheidungsverantwortung besonders anbieten, während andere eher nicht delegiert werden sollten.

Zur Delegation geeignet Zur Verantwortungsdelegation sind folgende Aufgaben gut geeignet:

- häufig wiederkehrende Arbeiten mit einmaligem Einweisungsaufwand
- zeitaufwendige Arbeitsaufgaben mit geringem Fehlerrisiko
- durch Vorschriften oder allgemeine Vorgaben weitgehend geregelte Tätigkeiten
- Detailaufgaben und Tätigkeiten für Spezialisten
- Fällen routinemäßiger Ausführungsentscheidungen
- typische Stellvertreteraufgaben
- weiterqualifizierende Einzelarbeiten

Zur Delegation nicht geeignet Zur Verantwortungsdelegation weniger gut bzw. nicht geeignet sind dagegen folgende Aufgaben:

- Treffen von Grundsatzentscheidungen

- Entscheidungen mit großer Tragweite oder hohem Fehlerrisiko
- Entscheidungen in außergewöhnlichen Situationen
- streng vertrauliche Angelegenheiten
- grundlegendes Informieren und Anleiten der Mitarbeiter
- Kontrollieren, Beurteilen und Kritisieren der Mitarbeiter
- disziplinarische Maßnahmen
- Angelegenheiten der Mitarbeiterfürsorge

Um ihrer Gesamtverantwortung gerecht werden zu können, muss sich die Führungskraft davon überzeugen, ob die delegierten Aufgaben im Sinn der Zielsetzung erledigt werden bzw. wurden. Daraus resultiert folgende Zwangsläufigkeit:

Je mehr Verantwortung eine Führungskraft delegiert, desto mehr muss sie im Hinblick auf ihre Gesamtverantwortung kontrollieren.

Gefahr für den Motivationseffekt

Dieser Zusammenhang mag widersprüchlich erscheinen: Während das Delegieren von Verantwortung als demokratisches Führungsverhalten empfunden wird, wirkt das Kontrollieren eher autokratisch, kann es als Misstrauen verstanden werden. Darin liegt zweifellos eine Gefahr für den eingangs erwähnten Motivierungseffekt des Delegierens. Tatsache ist jedoch, dass man es nur dann *automatisch* weiß, inwieweit ein Arbeitsziel erreicht wurde, wenn man die Arbeit selber verrichtet hat. Je mehr Aufgabenanteile man aber jemand anderem übertragen hat, desto sorgfältiger muss man sich davon überzeugen, ob das Ergebnis den Anforderungen genügt und man es verantworten kann. Die entscheidende Frage ist nur, auf *welche Weise* und *wie intensiv* man kontrolliert (siehe hierzu einige Betrachtungen im Kapitel 7 „Reparieren und nicht demontieren").

6. Nur motivierte Mit-Arbeiter arbeiten mit

Grundbegriffe und Grundsätze der Motivationspsychologie

Folgende Begriffe werden in der Motivationspsychologie verwendet:

Motiv	= Beweggrund, Handlungsantrieb
Motivation	= Summe der Beweggründe bzw. Handlungsantriebe, die das Verhalten bzw. Denken und Handeln eines Menschen bestimmen
motivieren	= jemanden zu etwas anregen, veranlassen
demotivieren	= jemandem seine Handlungsantriebe nehmen

Basisthese Sämtliche Theorien der Motivationspsychologie basieren auf folgender These:

Motivation beruht stets auf dem Wunsch nach Befriedigung von Bedürfnissen.

Konsequenzen für das Arbeitsverhalten Mit anderen Worten: Kein (geistig gesunder) Mensch tut etwas, ohne eine Chance zu sehen, dadurch ein persönliches Bedürfnis zu befriedigen. Das gilt selbstverständlich auch für das Verrichten von Arbeiten – selbst für ungeliebte und ausgesprochen belastende Arbeiten, bei denen die Bedürfnisbefriedigung nicht immer auf den ersten Blick erkennbar ist. Ein extremes Beispiel mag das verdeutlichen:

Auch Strafgefangene, die in einem Steinbruch bei glühender Sonne, schlechter Ernährung und unter erheblichen Unfallgefahren arbeiten, tun dies zur Befriedigung persönlicher Bedürfnisse. Würden sie die Arbeit verweigern, würden sie hart bestraft werden. Sie müssten mit Kürzung ihrer Essenration, Schlägen oder schlimmstenfalls sogar mit dem Tod rechnen. Ihr Bedürfnis, das sie durch die Arbeit zu befriedigen suchen, ist in diesem Beispiel das fundamentale Bedürfnis des Menschen nach körperlichem Wohlbefinden und Unversehrtheit. **Beispiel**

Hinsichtlich ihrer Intensität ist zwischen zwei unterschiedlich gearteten Motivationslagen zu unterscheiden, zwischen Primär- und Sekundärmotivation. **Zwei Motivationsarten**

Primärmotivation
Primärmotivation (auch „intrinsische" genannt) ist gegeben, wenn jemand um der Sache selber willen und aus eigenem Antrieb aktiv wird – seine Aktion also Selbstzweck ist.

Freiwilliger Besuch einer Lehrveranstaltung aus Interesse an den Lehrinhalten **Beispiel**

Sekundärmotivation
Sekundärmotivation (auch „extrinsische" genannt) ist hingegen dann gegeben, wenn jemand etwas unternimmt, nur um über sein momentanes Handlungsziel ein anderes, für ihn wichtigeres Ziel zu erreichen oder er von jemand anderem dazu veranlasst wurde. Das momentane Aktionsziel ist also nur Mittel zum Zweck.

Besuch einer Lehrveranstaltung, nur um die persönlichen Karrierechancen zu verbessern oder auf Anordnung des Arbeitgebers **Beispiel**

Freude an der Arbeit Die Unterscheidung dieser beiden Motivationsarten ist für die Mitarbeiterführung wichtig. Ein primär motivierter Mitarbeiter ist bei seiner Arbeit optimal engagiert und maximal zufrieden. Die Arbeitsaufgabe selber fordert ihn heraus und er empfindet schon alleine die Aufgabenerfüllung als befriedigenden Erfolg. Er hat Freude an seiner Arbeit.

> Primärmotivation führt zu einer idealen Verknüpfung von Arbeitszufriedenheit und Leistungsbereitschaft. Sie nützt somit sowohl dem Mitarbeiter selbst als auch dem Unternehmen.

Nur begrenztes Engagement Dagegen ist beim Zustand der Sekundärmotivation der Energieeinsatz eines Mitarbeiters nur auf einen außerhalb der Arbeitsaufgabe liegenden persönlichen Zweck ausgerichtet. Sein Engagement am Arbeitsplatz wird demzufolge weniger intensiv und nur von begrenzter Dauer sein. Er hat keine Veranlassung fleißiger zu arbeiten als unbedingt nötig und länger als bis sein vorrangiges Bedürfnis befriedigt wurde, er beispielsweise seinen Lohn erhalten hat.

Ursachen von Leistungs- oder Verhaltensmängeln

Leistungs- und Verhaltensprobleme Erbringt ein Mitarbeiter nicht die von ihm verlangten Arbeitsergebnisse oder verhält er sich nicht vorgabengerecht (z. B. gegenüber Kunden), so stellt sich dieser Tatbestand aus Sicht der Führungskraft als ein Problem dar, das es zu beheben gilt. Die möglichen Ursachen derartiger Leistungs- oder Verhaltensprobleme lassen sich vier verschiedenen Kategorien zuordnen:

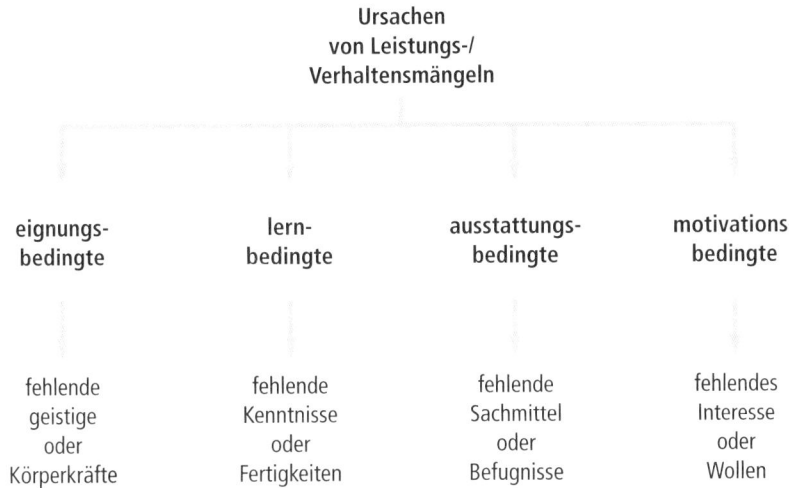

Die Darstellung macht deutlich, dass Leistungs- oder Verhaltensmängel durchaus nicht immer auf fehlende Motivation zurückzuführen sind. Möglicherweise hatte sich der Betreffende nach besten Kräften und mit dem Einsatz aller ihm verfügbaren Mittel bemüht, konnte aber wegen unzureichender Voraussetzungen das Arbeitsziel dennoch nicht erreichen. Werden ihm dann trotzdem Vorwürfe gemacht, wird er sich verständlicherweise ungerecht behandelt fühlen und sich künftig in ähnlichen Situationen von vornherein nicht sonderlich bemühen.

Nicht immer mangelnde Motivation

Kritisiert oder bestraft man einen überforderten Mitarbeiter vorschnell, schafft man sich zusätzlich zum auslösenden Arbeitsproblem ein echtes Motivationsproblem.

Die drei erstgenannten Problemursachen lassen sich – rechtzeitig erkannt – im Allgemeinen durch organisatorische Maßnahmen relativ leicht beseitigen. Einen demotivierten

Mitarbeiter wieder aufzubauen ist hingegen ein langwieriger, mühevoller Prozess ohne Erfolgsgarantie!

Wege zur Leistungssteigerung Das Leistungsverhalten von Mitarbeitern ist somit nicht alleine eine Frage der Motivation, sondern es spielen auch seine materiellen und vor allem persönlichen Möglichkeiten eine Rolle. Trotz hoher Motivation wird ein Mitarbeiter mit geringen Fähigkeiten (Kenntnisse und Fertigkeiten) auf dem betreffenden Arbeitsgebiet keine Höchstleistungen erbringen können. Andererseits wird ein sehr fähiger, aber schwach motivierter Mitarbeiter ebenfalls nur ein begrenztes Leistungsniveau erreichen. Leistungsergebnisse sind also eine Funktion von Motivation und Fähigkeiten. Es können gleich hohe Arbeitsleistungen unterschiedlich bedingt sein.

$$\text{Leistungs-fähigkeit} \times \text{Arbeits-motivation} = \text{Arbeits-leistung}$$

Will man die Leistungen seiner Mitarbeiter steigern, so empfehlen sich demzufolge je nach Sachlage zwei grundsätzlich unterschiedliche Wege:

- Bei hoher Leistungsfähigkeit, aber *geringer Motivation* sind dem Mitarbeiter in erster Linie gezielte Anreize zur Befriedigung seiner persönlichen Bedürfnisse und Steigerung seiner Arbeitszufriedenheit zu bieten.
- Bei hoher Motivation des Mitarbeiters, aber *geringer Leistungsfähigkeit* sind vorrangig gezielte Fortbildungsmaßnahmen zur Erweiterung seines Fachwissens bzw. Beseitigung von Kenntnisdefiziten oder Übungsmöglichkeiten zur Verbesserung seiner Fertigkeiten wirksam.

Anreize zur Arbeitsmotivation

Wie am Beginn des Kapitels erläutert, beruht jede Art von Motivation auf dem Wunsch, ein persönliches Bedürfnis zu befriedigen. Das bedeutet, dass zwei fundamentale Voraussetzungen gegeben sein müssen, wenn man einen Mitarbeiter zur Erledigung einer Arbeit veranlassen bzw. motivieren will: der Bedürfnisbezug und die Befriedigungschance.

Zwei Grundvoraussetzungen

Bedürfnisbezug

Eine Motivationsmaßnahme kann nur dann erfolgreich sein, wenn sie auf ein tatsächlich vorhandenes, unbefriedigtes Mitarbeiterbedürfnis ausgerichtet ist.

Beispielsweise kann es sein, dass sich ein Mitarbeiter über einen als Belohnung gedachten vorgezogenen Feierabend nicht sonderlich freut, da er wegen einer festen Verabredung mit der gewonnenen Zeit nichts Sinnvolles anfangen kann.

Beispiel

Noch so gut gemeinte und üblicherweise tatsächlich wirksame Motivierungsbemühungen gehen ins Leere, wenn sie nicht auf ein aktuelles persönliches Bedürfnis des Mitarbeiters treffen.

Befriedigungschance

Die zweite Voraussetzung für eine motivierende Führungsmaßnahme ist, dass für den Mitarbeiter eine reelle Chance erkennbar ist, sich im Zusammenhang mit der ihm übertragenen Arbeit tatsächlich ein eigenes Bedürfnis befriedigen zu können.

Wenn ein Mitarbeiter ein starkes Bedürfnis nach Selbstverwirklichung erkennen lässt, ist er mit Sicherheit für eine knifflige, jedoch nicht überfordernde Sonderaufgabe zu gewinnen, sofern er dabei weitestgehend selbstständig vorgehen darf.

Beispiel

115

Es ist völlig abwegig zu glauben, ein Mitarbeiter würde eine Arbeit schon alleine deswegen verrichten, weil dies dem Wunsch seines Vorgesetzten entspricht. Weiß er aber aus Erfahrung, dass dieser ihn für eine gute Leistung loben wird, kann das für den Mitarbeiter ein motivierender Befriedigungsanreiz für sein eigenes Bedürfnis nach Wertschätzung sein.

Motivationsformel Diese motivationalen Zusammenhänge lassen sich als einfache Formel darstellen:

$$\text{Mitarbeiter-bedürfnis} + \text{Befriedigungs-anreiz} = \text{Handlung, Verhalten}$$

Im Prinzip folgt das Motivieren von Mitarbeitern einer simplen Logik. Wird sie jedoch nicht beachtet, bleiben Motivierungseffekte eine reine Glückssache.

Führungsgeschick gefragt So schlicht die Logik des Motivierungsprozesses auch erscheint, so ist das Umsetzen in die Praxis nicht immer einfach. Erfordert es doch, die wahren Bedürfnisse der Mitarbeiter zu erkennen und Ideen zu entwickeln, auf welche Weise Motivationsanreize geschaffen werden können, die sowohl den Mitarbeiterbedürfnissen als auch den Sachaufgaben gerecht werden. Hierbei erweist sich das echte Führungsgeschick.

Erkennen der Mitarbeiterbedürfnisse

Die besten Chancen, die wahren Mitarbeiterbedürfnisse zu erkennen, bieten sich im Gespräch.

Daher sollte man als Führungskraft keine Gelegenheit zum direkten Gespräch mit den Mitarbeitern auslassen. Das können schon ein paar Worte bei der morgendlichen Begrüßung, kann aber auch ein ausführliches Mitarbeitergespräch anlässlich einer Beurteilung oder eines zu kritisierenden Vorfalls sein. So gesehen ist selbst eine Arbeitsbesprechung, die in der Sache ergebnislos war, keine völlig vergeudete Zeit. Jedes noch so sachbezogene Gespräch ist von Emotionen begleitet, die auf persönliche Wünsche, Enttäuschungen oder Befürchtungen der Beteiligten hinweisen. Diese Signale wahrzunehmen ist wichtig, setzt aber Interesse an der Situation des Mitarbeiters sowie Sensibilität für seine Gefühlsäußerungen voraus.

Sensibilität für Emotionen

Es gibt jedoch Konstellationen, bei denen dem Vorgesetzten auch bei bestem Willen keine ausreichenden Gesprächskontakte möglich waren – beispielsweise bei einer neu übernommenen Mitarbeitergruppe oder bei Mitarbeitern im Außendienst. Für solche Fälle bleibt aber immer noch das Mittel der direkten Frage: Statt von Mutmaßungen hinsichtlich der Wirkung einer Motivierungsmaßnahme auszugehen, ist es erfolgversprechender, den betreffenden Mitarbeiter wegen seiner Wünsche zuvor anzusprechen. Warum ihn nicht selbst fragen, ob ihm als Belohnung für eine geleistete Mehrarbeit eine Geldprämie oder Freizeitgewährung lieber wäre?

Fragen stellen!

Denken Sie stets daran: Der Wurm am Haken muss dem Fisch schmecken, nicht dem Angler!

Wahl der richtigen Motivationsanreize

Sind die Mitarbeiterbedürfnisse erkannt, gilt es geeignete Befriedigungsanreize zu finden. Diese müssen

- auf die Mitarbeiterbedürfnisse abgestimmt sein,
- den Arbeitszielen dienen und
- mit vertretbarem Aufwand realisierbar sein.

Nur wenn diese Voraussetzungen erfüllt sind, kann eine Führungsmaßnahme Arbeitsfreude wecken und gleichzeitig dem Unternehmen nützen.

Immaterielle Anreize

Häufig sehen Vorgesetzte nur die materiellen Anreizmöglichkeiten (vor allem Geld) und beklagen, dass ihnen diese Möglichkeiten naturgemäß nur in sehr begrenztem Maß gegeben sind – wenn überhaupt. Dabei sind es gerade die immateriellen Anreize, die Primärmotivation schaffen, d.h. echte Arbeitszufriedenheit und langfristiges Mitarbeiterengagement. Dazu zählen diejenigen Maßnahmen, die den Mitarbeitern mehr Selbstständigkeit und Mitsprachemöglichkeiten einräumen, ihren Neigungen entgegenkommen und ihnen Erfolgserlebnisse vermitteln. Bei genauem Hinsehen eröffnet sich hier ein weites Feld von Motivationsanreizen, die das Unternehmen nicht einmal Geld kosten müssen.

Arbeitshilfe

Im Anhang finden Sie unter „Praxisbeispiele motivierender Führungsmaßnahmen" eine Auflistung von Motivierungsmaßnahmen, die unter normalen Umständen und bei gutem Willen in nahezu jedem Arbeitsbereich anwendbar sind. Manchmal liegt es durchaus im Interesse des Unternehmenserfolgs, dabei auch den Mut aufzubringen, einengende und nicht erfolgsorientierte bürokratische Regeln zu umgehen.

Der Katalog ist beileibe keine vollständige Aufzählung der denkbaren Möglichkeiten. Aber schon der kleine Ausschnitt zeigt, dass einem als Führungskraft bei einiger Fantasie ein weit größeres Instrumentenrepertoire zur Verfügung steht, als man zunächst glauben mag.

Als Vorgesetzter wirksame Arbeitsanreize zu schaffen, ist sowohl eine Frage des Einfallsreichtums als auch der Courage, die eigenen Handlungsspielräume voll auszuschöpfen.

Einige Theorien der Motivationspsychologie bieten wertvolle Hinweise für die Mitarbeiterführung. So liefern verschiedene wissenschaftliche Untersuchungen Erkenntnisse darüber, welche Mitarbeiterbedürfnisse unter welchen Umständen am häufigsten anzutreffen sind. Andere wieder geben Aufschlüsse darüber, welche Arten von Motivationsanreizen im Allgemeinen am stärksten und nachhaltigsten wirken. Insbesondere dann, wenn man zu wenig über die Befindlichkeit seiner Mitarbeiter weiß, können einem Theorien wenigstens statistische Aussagen dazu liefern, wie die Mitarbeiter mehrheitlich zu motivieren sind.

Theorien können helfen

Jedem, der erfolgreich führen will, ist daher anzuraten, zumindest die bedeutsamsten Motivationstheorien kennen zu lernen, sein Führungsverhalten an ihnen zu orientieren und sie bei der Wahl von Motivationsanreizen zu berücksichtigen.

Für die Führungspraxis hilfreiche Motivationstheorien

Aus der Fülle der theoretischen Erkenntnisse und Empfehlungen zur Motivation von Menschen seien hier drei Theorien beschrieben, die sich für die Führungspraxis als besonders aufschlussreich und pragmatisch erwiesen haben. Auch wenn diese Theorien schon vor mehreren Jahrzehnten entwickelt wurden, sind sie nicht als veraltet anzusehen. Im Gegenteil: Zum einen haben sie sich in der Praxis bewährt, zum anderen hat sich die menschliche Psyche während der

Nützlich und stets aktuell

letzten Jahrtausende nicht nennenswert verändert. Gefühle wie Angst, Enttäuschung, Egoismus oder Freude beeinflussen unser Verhalten noch immer so, wie das schon bei unseren Vorfahren der Fall war!

Bedürfnishierarchie nach H. Abraham Maslow (1954)

Arten menschlicher Bedürfnisse

Maslow hat die vielfältigen Bedürfnisse der Menschen fünf Kategorien zugeordnet und diese in eine Rangordnung gebracht. Am anschaulichsten ist die Darstellung dieser Bedürfnishierarchie als Pyramide:

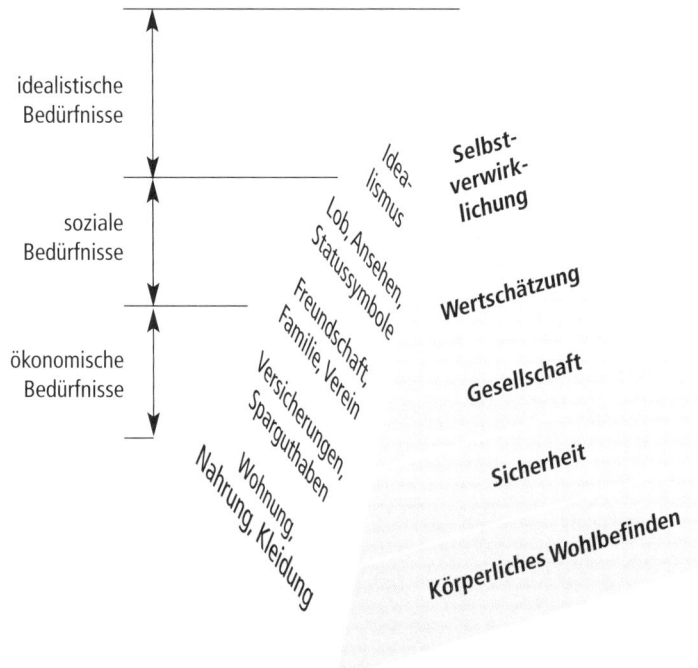

Aufgrund seiner Untersuchungen kam Maslow zu der Erkenntnis, dass der Mensch in Abhängigkeit von seiner jeweiligen Lebenssituation unterschiedliche Bedürfnisse entwickelt und sie sich unterschiedlich stark auf sein Verhalten auswirken. Seine Schlussfolgerung:

Je mehr die Bedürfnisse einer Hierarchiestufe befriedigt sind, desto stärker werden die der nächsthöheren verhaltensbestimmend.

Die Bedürfnisse der unteren Pyramidenstufen sind grundsätzlich die stärkeren. Unbefriedigt verhindern sie nicht nur höhere Bedürfnisse, sondern drängen diejenigen einer höheren Kategorie wieder aus ihrer verhaltensdominierenden Position.

Kategorie „Körperliches Wohlbefinden"
Die Bedürfnisse dieser Kategorie werden auch als die „existenziellen" bezeichnet, deren Befriedigung größtenteils unverzichtbar ist. Werden die Bedürfnisse nach Nahrung, Wärme oder Schutz vor Gesundheitsschäden missachtet, führt das letztlich zum Tod. Demzufolge haben diese Bedürfnisse einen besonders starken Einfluss auf unser Verhalten und gewinnen schnell die Oberhand gegenüber denen der höheren Hierarchiestufen. Wobei der Begriff „körperliches Wohlbefinden" nicht im absoluten Sinn des Wortes zu verstehen ist, denn auch die seelische Befindlichkeit kann sich körperlich auswirken.

Existenzielle Bedürfnisse

Kategorie „Sicherheit"
Sind die körperlichen Bedürfnisse weitgehend befriedigt, strebt der Mensch danach, dies auch für die Zukunft abzusichern. Er überlegt, ob die für ihn lebensnotwendigen Bedingungen auch in Zukunft gewährleistet sind, und ergreift notfalls vorsorgende Maßnahmen. In früheren Zeiten legten die Menschen Vorräte an, heutzutage sind es vor allem finanzielle Maßnahmen, wie das Ansammeln von Sparguthaben, Abschließen von Versicherungen oder der Erwerb von Immobilien.

Vorsorgende Maßnahmen

Kategorie „Gesellschaft"

Kontakt mit anderen Hat der Mensch das Gefühl, sein Überleben und Wohlbefinden seien abgesichert, sucht er bald die Gesellschaft anderer. Er möchte sein Leben nicht nur alleine genießen, sondern es mit anderen teilen und sich mit ihnen austauschen. Vielleicht rührt dieses Bedürfnis auch aus der Entwicklungsgeschichte des Menschen als Herdentier her.

Kategorie „Wertschätzung"

Gesellschaftliche Anerkennung Fühlt sich der Mensch hinreichend in eine Gesellschaft eingebunden, dann strebt er danach, von den anderen anerkannt zu werden, als wertvolles Mitglied der Gruppe zu gelten. Dieser Bedürfniskategorie sind Statussymbole wie Titel, Ehrenurkunden oder Position im Unternehmen zuzurechnen. Ebenso zählen hierzu die vielen äußerlichen Statussymbole (teure Autos, modische Kleidung, kostbare Markenuhren usw.). Dass diesen äußerlichen Symbolen heute eine so hohe Bedeutung zugemessen wird, ist ein typisches Beispiel für eine Wohlstandsgesellschaft, in der die Bedürfnisse der unteren Hierarchieebenen weitgehend abgedeckt sind. Trotz hoher Arbeitslosigkeit garantiert der Sozialstaat nahezu jedem in unserem Land einen vergleichsweise immer noch hohen Lebensstandard.

Kategorie „Selbstverwirklichung"

Persönliche Autonomie Hat der Mensch genügend Wertschätzung durch andere erfahren, sucht er Befriedigung in seinem eigenen Schaffen. Er will stolz sein können auf seine eigenen Leistungen, ohne dabei die Reflexion durch andere zu suchen. Hier sind vor allem künstlerische, erfinderische oder wohltätige Aktivitäten zu nennen. Allerdings räumt auch Maslow ein, dass zwischen dem Bedürfnis nach Wertschätzung und dem nach Selbstverwirklichung nur schwer eine Grenze zu ziehen ist. Man sagt auch, dass das Bedürfnis nach Anerkennung nie vollends zu sättigen ist.

Maslows hierarchisches Modell besagt keineswegs, dass der Mensch nur Bedürfnisse seiner momentanen Kategorie hat. Selbstverständlich will ein Mensch, der aufgrund seiner aktuellen Lebenssituation alles daransetzt, Wertschätzung zu erlangen, nach wie vor seine wirtschaftliche Existenz abgesichert wissen. Und würde er über Nacht sein Vermögen verlieren, würden schlagartig seine ökonomischen Bedürfnisse wieder handlungsbestimmend werden. Auch der sich selbst verwirklichende Künstler fällt auf die Ebene der körperlichen Bedürfnisse zurück, wenn er lange genug nichts gegessen hat. Sobald er sich jedoch gesättigt hat, ist er wieder der obersten Kategorie zuzuordnen.

Anmerkungen zum Modell

Die Bedürfnispyramide bietet vor allem als langfristig verstandenes Modell Hilfen für die Mitarbeitermotivierung. Betrachtet man die aktuelle Lebenssituation eines Mitarbeiters hinsichtlich seiner persönlichen Neigungen und Fähigkeiten, beruflichen Stellung sowie wirtschaftlichen Absicherung, so lässt er sich hinsichtlich seiner vorrangigen Bedürfnisse mit statistischer Wahrscheinlichkeit einer der fünf Kategorien zuordnen. Das wiederum hilft, geeignete Anreize für seine Arbeitsmotivation auszuwählen.

Nutzen für Mitarbeiterführung

Kann man einen Mitarbeiter anhand seiner Lebenssituation einer der Kategorien zuordnen, so liefert einem das Hinweise dafür, mit welchen Anreizen er am ehesten zu motivieren ist.

Zwei-Faktoren-Theorie nach Frederick Herzberg (1959)

Durch umfangreiche Befragungen hat Herzberg herausgefunden, dass es zwei unterschiedliche Arten von Einflussfaktoren auf die Arbeitszufriedenheit gibt, aber nur die eine davon geeignet ist, echte Arbeitszufriedenheit und lange

Anspornende Faktoren

anhaltendes Mitarbeiterengagement zu schaffen. Er hat diese Faktoren als Motivatoren bezeichnet.

Zu den *Motivatoren* (auch Anspornfaktoren genannt) zählen alle in der Arbeit selbst begründeten Handlungsanreize, wie beispielsweise:

- interessante Arbeitsaufgaben
- selbstständiges Arbeiten
- Eigenverantwortung
- Entscheidungsbefugnis
- Leistungswettbewerb
- Erfolgserlebnisse
- Anerkennung guter Arbeitsergebnisse durch Vorgesetzte
- Aufstiegsmöglichkeiten

Motivatoren sorgen für Arbeitszufriedenheit und Leistungsbereitschaft, schaffen Primärmotivation. Auf höherem Niveau können sie dies auf Dauer allerdings nur bewirken, wenn gleichzeitig die nachstehend beschriebenen Stabilisatoren hinreichend gewährleistet sind.

Stabilisierende Faktoren Die Stabilisatoren (auch Hygienefaktoren genannt) sind lediglich Rahmenbedingungen des Arbeitsprozesses. Sie müssen im Betrieb zufriedenstellend gestaltet sein, damit unter den Mitarbeitern keine leistungshemmende Unzufriedenheit aufkommt. Dazu zählen unter anderem:

- gute Arbeitsplatzausstattung
- gerechte Entlohnung
- angemessene Sozialleistungen
- Sicherheit des Arbeitsplatzes
- gute zwischenmenschliche Beziehungen
- gutes Firmenimage

Sind die derartigen Arbeitsbedingungen hinreichend gegeben, herrscht keine grundlegende Unzufriedenheit. Die Stabilisatoren stabilisieren das Arbeitsklima, schaffen jedoch noch keine echte Arbeitsfreude und kein langfristiges Mitarbeiterengagement. Sie bewirken nur Sekundärmotivation.

Daraus kann man folgende Schlussfolgerungen ziehen:

- Fehlende Stabilisatoren führen zu latenter Unzufriedenheit der Mitarbeiter und zum Unterschreiten der Normalleistung.
- Fehlende Motivatoren haben dagegen zur Folge, dass die Arbeitshaltung nur neutral ist, die Mitarbeiter mit ihrer eigentlichen Arbeit nicht wirklich zufrieden sind, selbst wenn die Stabilisatoren optimal gegeben sind.
- Erst wenn zufrieden stellende Stabilisatoren gegeben sind und geeignete Motivatoren hinzukommen, sind optimale Voraussetzungen gegeben für echte Arbeitszufriedenheit und nachhaltige Leistungssteigerungen.

Schlussfolgerungen für den Führungsalltag

X- und Y-Theorie
nach Douglas McGregor (1960)

McGregor hat mit zwei extremen Theorien die Bandbreite der unterschiedlichen Auffassungen über das Arbeitsverhalten des Menschen verdeutlicht.

Theorien zum Arbeitsverhalten

Theorie X besagt, dass der Durchschnittsmensch eine angeborene Abneigung gegenüber der Arbeit besitzt. Der Mensch muss gezwungen, kontrolliert und notfalls bestraft werden, um die für die Gesellschaft erforderlichen Arbeitsleistungen zu erbringen. Auch das Versprechen von Entlohnung reicht dafür nicht immer aus. Menschen wollen angeleitet werden, meiden Verantwortung und haben wenig Ehrgeiz. Sie wollen vor allem Sicherheit und Anpassung an die Mehrheit.

Theorie Y besagt, dass sich anzustrengen dem Menschen ebenso eigen ist wie der Spieltrieb. Er erkennt Arbeit als eine mögliche wichtige Quelle seiner Lebenszufriedenheit. Soweit sich der Mensch mit den Arbeitszielen identifizieren kann, ist keine Fremdkontrolle erforderlich. Vielmehr übt der Mensch Selbstkontrolle und entwickelt Eigeninitiative. Strafandrohungen haben eher gegenteilige Wirkung. Unter normalen Umständen akzeptiert der Mensch nicht nur Verantwortung, er sucht sie sogar. Scheu vor Verantwortung, Mangel an Ehrgeiz und vorherrschendes Sicherheitsdenken sind meist die Folgen negativer Lebenserfahrungen. Einfallsreichtum und Kreativität finden sich unter den Menschen in weit stärkerem Maß als allgemein vermutet und werden meist nur teilweise genutzt.

Auswirkungen auf das Führungsverhalten

Entsprechend sind auch in der Praxis bei Führungskräften extrem unterschiedliche Überzeugungen hinsichtlich der allgemeinen Arbeitshaltung von Mitarbeitern anzutreffen. Zwangsläufig wirken sich diese Grundeinstellungen auf das gesamte Führungsverhalten aus. Aufgrund seiner Untersuchungen kam McGregor zu folgender Aussage:

> Heutzutage kann nur derjenige seine Mitarbeiter langfristig zu Engagement und überdurchschnittlichen Leistungen führen, der von der Theorie Y überzeugt ist.

Nur mit dieser Überzeugung bringt man Mitarbeitern das nötige Vertrauen entgegen, das eine fundamentale Voraussetzung dafür ist, dass sie Eigenverantwortlichkeit und Engagement entwickeln.

Wer dagegen zur Theorie X neigt, wird seine Mitarbeiter autokratisch führen. Er wird sie nur mit strikten Anordnungen und häufigen Kontrollen zu ausreichenden Leistungen bringen können.

Vielfalt der Mitarbeitermotive am Arbeitsplatz

Stellen Sie sich vor, Sie gehen über eine der vielen Großbau- **Beispiel** stellen in Berlin und fragen einige der dort Beschäftigten, warum sie hier arbeiten.

Antwort des Ersten:
„Ich arbeite hier, um mir etwas Essbares kaufen zu können.“
→ berufliche Stellung: Gelegenheitsarbeiter
→ vorrangiges Bedürfnis: körperliches Wohlbefinden

Antwort des Zweiten:
„Ich arbeite hier, weil das ein sicherer Job ist.“
→ berufliche Stellung: Bauhilfsarbeiter
→ vorrangiges Bedürfnis: Sicherheit

Antwort des Dritten:
„Ich arbeite hier, weil ich in einer größeren Maurerkolonne arbeiten kann.“
→ berufliche Stellung: Facharbeiter
→ vorrangiges Bedürfnis: Gesellschaft

Antwort des Vierten:
„Ich arbeite hier, weil ich hier als der beste Maurer meiner Kolonne gelte.“
→ berufliche Stellung: Vorarbeiter
→ vorrangiges Bedürfnis: Wertschätzung

Antwort des Fünften:
„Ich arbeite hier, weil ich das neue Berlin mitgestalten möchte.“
→ berufliche Stellung: Bauleiter
→ vorrangiges Bedürfnis: Selbstverwirklichung

Unterschiedliche Primärbedürfnisse Das Beispiel veranschaulicht, wie unterschiedlich die Arbeitsmotivation von Beschäftigten ein und derselben Arbeitsstelle ausfallen kann. Je nach ihrer Lebenssituation (z. B. durch berufliche Qualifizierung) haben die Mitarbeiter unterschiedlich geartete Primärbedürfnisse und daraus erwachsen unterschiedliche Motive zu arbeiten.

Geld als Motivationsanreiz

Überbewertung finanzieller Anreize Meist wird die Wirksamkeit der Entlohnung auf die Arbeitsmotivation stark überschätzt. Kommt in Führungsseminaren die Diskussion auf das Thema „Mitarbeitermotivierung", so hört man vielfach Meinungen wie: „Ich kann meine Mitarbeiter nicht motivieren, da ich ja keinen Einfluss auf ihre Bezahlung habe." Oder: „Meine Mitarbeiter arbeiten sowieso nur des Geldes wegen." Legt man allerdings den Seminarteilnehmern einen Fragebogen vor, in dem sie angeben sollen, was sie selbst bei ihrer Arbeit am meisten motiviert, so landet bei einer Auflistung von 13 typischen Motivationsfaktoren der Faktor „Bezahlung" bei nahezu jeder Teilnehmergruppe im Mittelfeld. Und das unabhängig von Unternehmensart und Führungsebene! Ganz oben rangieren stets die Faktoren „Gestaltungsmöglichkeiten und Handlungsfreiheit" sowie „interessante Arbeitsinhalte", was die Aussagen der zuvor erläuterten Motivationstheorien auch heute noch bestätigt. Die bevorzugten Motivationsanreize bewirken Primärmotivation, sprechen die höheren Kategorien der Maslow'schen Bedürfnishierarchie an und zählen in Herzbergs Zwei-Faktoren-Theorie zu den Motivatoren. Konfrontiert man dann die Teilnehmer mit diesen Ergebnissen, argumentieren die Verfechter der Geldanreize damit, dass sie selber natürlich höhere Bedürfnisse haben als ihre nachgeordneten, schlichter denkenden (und angeblich auch fühlenden) Beschäftigten.

Hingegen löst Geld nur Sekundärmotivation aus (die Arbeit selber ist nur Mittel zum Zweck), befriedigt im Wesentlichen die materiellen Bedürfnisse der unteren Maslow'schen Hierarchiestufen und zählt bei Herzberg nur zu den Stabilisatoren. Sekundärmotivation ist aber nur begrenzt wirksam. Wenn beispielsweise ein Vorgesetzter es durchgesetzt hat, dass ein besonders leistungsfähiger Mitarbeiter eine außertarifliche Zulage erhält, löst das normalerweise Freude aus und beflügelt den Betreffenden tatsächlich bei seiner Arbeit. Doch wie lange hält diese Wirkung an? Im Allgemeinen wird der Mehrverdienst nach spätestens zwei bis drei Monaten als neue Normalität empfunden und hat keinerlei motivierende Wirkung mehr. Will man also alleine über Geld motivieren, müsste man alle Vierteljahre die Gehälter erhöhen! (Und auch das würde nach einiger Zeit zur Normalität werden.)

Geld motiviert nur sekundär

Geld ist ein Mittel zur Sekundärmotivation und ist somit nur zeitlich begrenzt wirksam.

Noch deutlicher zeigt sich der fragwürdige Motivationseffekt finanzieller Anreize bei den jährlichen Tariferhöhungen. Hier kann es sogar zu demotivierenden Effekten kommen: Häufig bleiben die ausgehandelten Erhöhungen hinter den Erwartungen der Beschäftigten zurück und lösen Enttäuschungen oder gar Verärgerungen aus. Bestenfalls werden sie als Selbstverständlichkeit hingenommen. Ähnlich schädlich können sich auch andere finanzielle Belohnungen auswirken. Fallen Prämien oder Leistungszulagen geringer aus als erwartet, sind die Mitarbeiter enttäuscht oder fühlen sich sogar ungerecht behandelt. Die beabsichtigte Motivierung kehrt sich in Demotivierung um!

Gefahren der Demotivierung

Haben Mitarbeiter mehrere unterschiedliche Aufgaben wahrzunehmen und gibt es nur für einige der Aufgaben eine

Zulage, so ist die Versuchung groß, die übrigen Arbeiten zu vernachlässigen. Um dem entgegenzuwirken werden dann manchmal auch für diese Aufgaben Zulagen eingeführt oder es werden die Prämien nach dem Gießkannenprinzip verteilt. Die Folge: Es kommt zu einer neutralisierenden Nivellierung, die dem Unternehmen lediglich zusätzliche Kosten verursacht.

Kostenlos und trotzdem wirksamer

Als stärker und länger wirksame Motivationsanreize erweisen sich diejenigen, die aus der Arbeitsaufgabe heraus echte Arbeitsfreude schaffen, oder Maßnahmen, die den Bedürfnissen nach Gesellschaft, Wertschätzung oder Selbstverwirklichung entsprechen. (Immer vorausgesetzt, dass diese Bedürfnisse im Einzelfall tatsächlich gegeben sind.) Das Bestechende an diesen Anreizen ist, dass sie mehrheitlich kostenlos sind! Sie erfordern lediglich von der Führungskraft die Einsicht in die Wirksamkeit der Anreizmechanismen, psychologisches Einfühlungsvermögen und den tatsächlichen Einsatz dieser Führungsinstrumente.

Bezahlung ist dennoch wichtig

Dennoch ist ein leistungsgerechtes Entlohnungssystem unverzichtbar. Trotz aller höheren Bedürfnisse nach Wertschätzung oder Selbstverwirklichung möchte jeder im Interesse eines hohen und abgesicherten materiellen Lebensstandards so viel wie möglich verdienen. Und schließlich gibt es genügend einfache Arbeiten, die sehr wenig Chancen für persönliche Erfolgserlebnisse oder kreative Selbstverwirklichungen bieten. Hier bleiben oft nur die sekundär wirkenden Geldanreize, um zu Arbeitsleistungen zu motivieren. Zumindest will niemand, unabhängig vom absoluten Einkommensniveau, das Gefühl bekommen, gegenüber anderen benachteiligt zu sein. Auch bei einem hohen Einkommen gibt es immer andere, die mehr verdienen.

Geld als Wertschätzung

Dieser letzte Aspekt lässt schon erkennen, dass Geld nicht nur der Befriedigung materieller Bedürfnisse dienen kann, sondern auch denen nach Anerkennung und Wertschätzung. Insbesondere bei Besserverdienenden gilt die Einkommens- höhe heutzutage zunehmend als Indiz für beruflichen Erfolg und wird als Symbol des gesellschaftlichen Status gesehen. Eine Bewertung, die in den USA Tradition hat. So ist es auch zu erklären, warum Vorstandsmitglieder großer Unter- nehmen trotz ihrer nicht zu verbrauchenden Millionen- vermögen alles daransetzen, ihre Einkommen weiter zu steigern. Hier wird das Einkommen zum reinen Wertschät- zungsfaktor.

Das Streben nach Geld ist manchmal ein Kompensieren von Unzufriedenheit. Empfindet ein Mitarbeiter ständig gravie- rende Defizite bei seiner Arbeit, sucht er seine Befriedigung in einem möglichst hohen Einkommen. Die Bezahlung wird dann quasi als Entschädigung für entgangene Arbeitsfreude angesehen. Die nachstehende Grafik nennt einige der typi- schen Defizitarten.

Geld als Kompensations- mittel

sinnleere
Arbeits-
aufgaben

ungerechte
Behandlung

unselbstständiges
Arbeiten

**typischerweise
mit Geld kompen-
sierte Defizite**

gefühlsarme
Beziehungen

fehlende
Erfolgserlebnisse

fehlende
menschliche
Kontakte

Um derartige Mitarbeiterhaltungen abzubauen, bleibt nur der Weg, den Defiziten durch immaterielle Maßnahmen entgegenzuwirken. Hier bietet sich vor allem das weite Feld der Motivationsanreize, die auf die emotionalen Mitarbei- terbedürfnisse abzielen. Dazu gehört beispielsweise:

Immaterielle Anreize

- unterfordernde Arbeitsinhalte anzureichern
- Mitarbeiter mitentscheiden zu lassen
- einwandfreie Arbeitsergebnisse zu würdigen
- persönliche Gespräche zu führen
- Sorgen und Bedenken der Mitarbeiter ernst zu nehmen
- Arbeiten nach Eignung zuzuweisen
- ehrlich und gerecht zu loben und zu kritisieren

Will oder kann man nicht nur mit Geld motivieren, muss man emotionale Arbeitsanreize bieten.

Innere Kündigung und Selbstpensionierung

Folgen seelischer Verletzungen

Werden einem Mitarbeiter über längere Zeit keine Motivationsanreize geboten oder wird er demotiviert durch beispielsweise

- ungerechte Behandlung,
- verletzende Kritik,
- mangelnde Würdigung seiner Leistungen,
- herabsetzende oder beleidigende Äußerungen,
- diskriminierende Maßnahmen,
- bewusste Missachtung oder
- andere, schwerwiegende Beschädigungen seines Selbstwertgefühls,

so kann das so weit führen, dass sich der Betroffene innerlich von seiner Arbeit oder vom gesamten Unternehmen verabschiedet. Man nennt diese Reaktion „innere Kündigung". Eine ähnliche Reaktion ist die „Selbstpensionierung", deren Ursachen und Erscheinungsbilder jedoch etwas anders geartet sind.

Die innere Kündigung

Unter „innerer Kündigung" versteht man das gezielte Verweigern von Engagement und Eigeninitiative als Reaktion eines Mitarbeiters auf frustrierende Erlebnisse oder Umfeldbedingungen.

Der Mitarbeiter will zwar nicht formal kündigen und seine Stellung im Unternehmen sowie die damit verbundenen persönlichen Vorteile aufgeben, distanziert sich aber innerlich vom Betriebsgeschehen. Soweit es seine Position nicht ernsthaft gefährdet oder zu empfindlichen Konsequenzen führt, verhält er sich möglichst passiv oder täuscht Arbeiten nur vor. Er wählt stets den Weg des geringsten Widerstands.

Absolute Passivität

Aggressivität ist hingegen kein Wesensmerkmal innerer Kündigung, denn sie würde bedeuten, dass sich der Betreffende doch noch mit den betrieblichen Vorgängen auseinander setzt. Vielmehr findet er sich (scheinbar) mit den wahrgenommenen Unzulänglichkeiten ab. Aggressionen treten eher als Ausdruck der Verzweiflung im Vorfeld der inneren Kündigung auf.

Aggressivität im Vorfeld

Innere Kündigung ist bei Mitarbeitern aller Hierarchieebenen, Berufszweige und Arbeitsfelder anzutreffen, wenn auch mit unterschiedlicher Häufigkeit. Sie kann sowohl bei Geführten als auch Führenden eintreten. Lediglich die äußeren Erscheinungsbilder variieren etwas je nach persönlicher Mentalität oder beruflicher Situation.

Die Selbstpensionierung

Eine ähnliche Reaktion ist die „Selbstpensionierung", deren Auslöser und Wirkungsweisen jedoch von der inneren Kündigung abweichen. Sie ist folgendermaßen definiert:

> Selbstpensionierung ist eine innere Distanz, die nicht eine Folge von Enttäuschungen, sondern das Ergebnis nüchterner Abwägung von Vor- und Nachteilen beruflichen Engagements ist.

Vernunftgemäße Konsequenz Selbstpensionierung ist eine Konsequenz aus der rationalen Erkenntnis, dass ein unvermindertes Engagement im Beruf nicht mehr zur Steigerung der Lebensqualität beitragen oder ihr sogar schaden würde. Häufig ist das der Fall, wenn jemand bei realistischer Einschätzung der Personalstruktur des Unternehmens keinen weiteren Aufstieg mehr erwarten kann. Aber auch das Gefühl alters- oder gesundheitsbedingter Überforderung kann zu dieser Schlussfolgerung führen. Oft sind beide Ursachenarten miteinander gekoppelt und verstärken sich gegenseitig. Meistens wird der Schritt zur Selbstpensionierung auch durch frühere Wertvorstellungen ähnlicher Tendenz begünstigt. Außerberufliche Werte wie Familie, Urlaubsreisen oder Hobbys hatten für Selbstpensionierte oft schon immer einen besonders hohen Stellenwert.

Mit sich selbst im Reinen Im Allgemeinen hat der Mitarbeiter dabei kein schlechtes Gewissen. Er sieht sein Verhalten nicht als Verweigern im Sinne einer bewussten Schädigung, sondern als gerechten Ausgleich für langjährig erbrachte Leistungen. Er meint es sich verdient zu haben, seine formelle Pensionierung vorwegzunehmen.

Die Unterschiede zwischen innerer Kündigung und Selbstpensionierung

Verschiedenartiges Sozialverhalten Beide Arbeitshaltungen wirken sich gleichermaßen leistungsmindernd und damit negativ auf das Unternehmensergebnis aus. Die Unterschiede liegen lediglich im Verhalten gegenüber anderen: Während innerlich gekündigte Mitar-

134

beiter resigniert, verschlossen und unausgeglichen wirken, sind selbstpensionierte eher selbstzufrieden und kontaktfreudig. Es sind oft diejenigen Mitarbeiter, die bei allen Geburtstags- oder Jubiläumsfeiern anzutreffen sind und in der Kantine zu den größten und heitersten Tischrunden gehören. So gesehen also eher angenehme Kollegen.

Da die Unterschiede für die Arbeitsergebnisse jedoch nur eine untergeordnete Rolle spielen, hat sich für beide Varianten einheitlich der Begriff „innere Kündigung" eingebürgert.

Die Vorboten einer inneren Kündigung

Eine innere Kündigung wird selten von einem Tag auf den anderen vollzogen. Oft ist es eine Reihe von Ereignissen oder eine zunehmende Verschlechterung der Beziehung zum Vorgesetzten, was im betreffenden Mitarbeiter eine latente Unzufriedenheit wachsen lässt. In der Folge ändert sich sein allgemeines Verhalten, was sich in den verschiedensten Situationen und auf verschiedene Art offenbart.

Unter der Überschrift „Anzeichen innerer Kündigung" sind im Anhang Verhaltensauffälligkeiten beschrieben, die für die innere Kündigung eines Mitarbeiters typisch sind.

Arbeitshilfe

Werden Anzeichen einer Flucht in die innere Kündigung erkennbar, bietet nur ein freimütiges, aber aggressionsfreies Mitarbeitergespräch eine Chance, die Entwicklung aufzuhalten.

Wichtig ist, dass der Mitarbeiter in einem derartigen Gespräch die Überzeugung gewinnt, dass man ihm helfen will und ihn als nützlichen Mitarbeiter nicht verlieren möchte. Es hat keinen Sinn, ihm Vorwürfe zu machen oder zu drohen. Aus seiner resignativen Gefühlssituation heraus wird er nur

Hilfe anbieten

scheinbar Einsicht zeigen und es künftig lediglich geschickter anstellen, weiteren Unannehmlichkeiten aus dem Weg zu gehen. Das eigentliche Problem aber bleibt bestehen.

Beizeiten vorbeugen Sind nur einige der geschilderten Verhaltensweisen zu beobachten, muss das noch nicht unbedingt auf eine innere Kündigung hindeuten. Dennoch sollte man dem betreffenden Mitarbeiter verstärkte Aufmerksamkeit widmen, denn immerhin scheinen sich bei ihm bedenkliche Motivationsmängel eingestellt zu haben.

7. Reparieren und nicht demontieren

Notwendigkeit und Funktionen von Kontrolle

Eine Führungskraft kann ihrer Gesamtverantwortung für den eigenen Zuständigkeitsbereich nur dann gerecht werden, wenn sie sich vergewissert, ob

Verantwortlichkeit der Führungskraft

- die angestrebten Arbeitsziele tatsächlich erreicht werden,
- die vorgegebenen Vorschriften und Regeln dabei eingehalten werden und
- mit den Ressourcen (Zeit, Werkstoffe, Energie) sparsam umgegangen wird.

Nur durch Kontrollen kann die Führungskraft Mängel im Arbeitsprozess oder an den Arbeitsergebnissen rechtzeitig erkennen und Gegenmaßnahmen einleiten. Kontrollen können beispielsweise folgende Mängel sichtbar machen:

Mängel aufdecken

- unrealistische Zielvorgaben
- missverständliche Zielformulierungen
- unzweckmäßige Arbeitsorganisation
- unzureichend qualifiziertes oder motiviertes Personal
- fehlende oder mangelhafte Arbeitsmittel
- Störungen durch äußere Einflüsse

Arbeitswissenschaftlich betrachtet ist Kontrolle ein Soll-Ist-Vergleich und erfüllt im Arbeitsprozess eine wichtige regulierende Aufgabe. Sie ist quasi der Regler in einem kybernetischen Regelkreis.

Soll-Ist-Vergleich

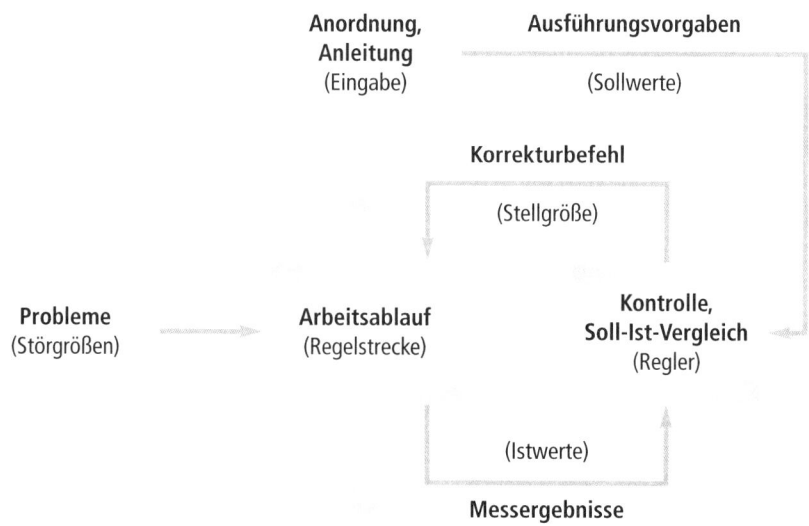

Anordnung,
Anleitung
(Eingabe)

Ausführungsvorgaben

(Sollwerte)

Korrekturbefehl

(Stellgröße)

Probleme
(Störgrößen)

Arbeitsablauf
(Regelstrecke)

Kontrolle,
Soll-Ist-Vergleich
(Regler)

(Istwerte)

Messergebnisse

Arbeitsergebnisse
(Ausgabe)

Auch Instrument der Personalentwicklung Kontrollen haben aber nicht nur eine rationale Funktion, sondern wirken sich auch auf die Gefühle und damit das Arbeitsverhalten der Kontrollierten aus. Sinnvoll eingesetzt, können Kontrollen das Engagement und die Leistungsbereitschaft der Mitarbeiter steigern und die Weiterentwicklung ihrer Kenntnisse und Fertigkeiten fördern. Kontrolle ist somit auch ein Instrument der Mitarbeiterentwicklung.

Ohne Kontrollen bliebe der Arbeitserfolg dem Zufall überlassen. Kontrollieren ist somit eine unverzichtbare Führungsaufgabe.

Emotionale Auswirkungen von Kontrolle

Nicht nur Führungskräften ist klar, dass sie sich im Sinn ihrer Gesamtverantwortung vergewissern müssen, ob ihre Mitarbeiter die Arbeitsziele tatsächlich erreicht haben und die Arbeitsgüte zufriedenstellend ist. Im Allgemeinen wird diese Notwendigkeit auch von den Mitarbeitern anerkannt.

Rationale Akzeptanz

Dennoch wird Kontrolle meist als unangenehm empfunden, sind die Begriffe „Kontrolle" und „Prüfung" gefühlsmäßig eher negativ besetzt. Kontrollmaßnahmen verursachen häufig sowohl beim Kontrollierten als auch beim Kontrolleur ungute Gefühle. Folgende Gründe sind hierfür maßgeblich:

Emotionale Ablehnung

- Kontrolle wird von den Mitarbeitern häufig als Misstrauensbeweis empfunden.
- Die Kontrollierten befürchten, es könnten tatsächlich Fehler entdeckt werden und ihnen dadurch Nachteile entstehen (Blamage, Imageverlust, Nachbesserungsarbeiten oder sogar Haftungsansprüche).
- Im Bewusstsein, eventuell derartige Gefühle zu wecken, ist Führungskräften das Kontrollieren oft peinlich oder sie befürchten, dadurch unerfreuliche Debatten auszulösen und das Arbeitsklima zu verschlechtern.

Empfindsamkeiten dieser Art sind durchaus verständlich, denn:

Beim Kontrollieren einer Arbeit wird nicht nur die betreffende Sache bewertet, sondern automatisch auch der Mitarbeiter selbst und somit wird sein Selbstwertgefühl berührt.

Nutzen für die Mitarbeiter

Dennoch dürfen diese emotionalen Aspekte nicht dazu führen, auf notwendige Kontrollen zu verzichten. Schließlich dienen Kontrollen durchaus auch den Mitarbeiterbelangen, denn:

- Kontrolle ist die Voraussetzung für Erfolgserlebnisse der Mitarbeiter.
- Nur so werden ihre Leistungen wahrgenommen und können anerkannt werden.
- Kontrollen dienen der gerechten Leistungsbeurteilung und Entlohnung.
- Es können Schwierigkeiten erkannt und notwendige Hilfen gegeben werden.
- Das Erkennen von Über- oder Unterforderungen ermöglicht einen leistungsgerechten Arbeitskräfteeinsatz.
- Unzumutbare persönliche Risiken können erkannt und vermieden werden.
- Bei rechtzeitiger Kontrolle kann der Mitarbeiter seine Fehler korrigieren und somit doch noch zum Erfolg gelangen.
- Dem Kontrollierten eröffnen sich Chancen, aus Fehlern zu lernen und daran zu wachsen.
- Kontrollen nehmen die Ungewissheit und entlasten somit.

Kontrollen sichern dem Unternehmen das Erreichen der Arbeitsziele und bieten der Führungskraft Chancen zur Mitarbeitermotivierung.

Die Frage muss also nicht lauten, ob kontrolliert wird, sondern wie.

Trotz notwendiger Mängelfeststellung muss Mitarbeiterkontrolle in einer Weise erfolgen, dass sie das Selbstwertgefühl des Kontrollierten nicht mehr als unvermeidbar beeinträchtigt.

Die verschiedenen Arten von Mitarbeiterkontrolle

Kontrolle ist nicht gleich Kontrolle. Vielmehr gibt es eine reichhaltige Palette verschiedenartiger Kontrollarten bzw. -formen mit unterschiedlichen Effekten. Diese verschiedenen Kontrollarten lassen sich nach drei Kriterien ordnen: **Verschiedene Kontrollarten**

- *Kontrollträger:* Wer kontrolliert?
- *Kontrollinhalt:* Was wird kontrolliert?
- *Kontrollintensität:* Wie häufig und wie genau wird kontrolliert?

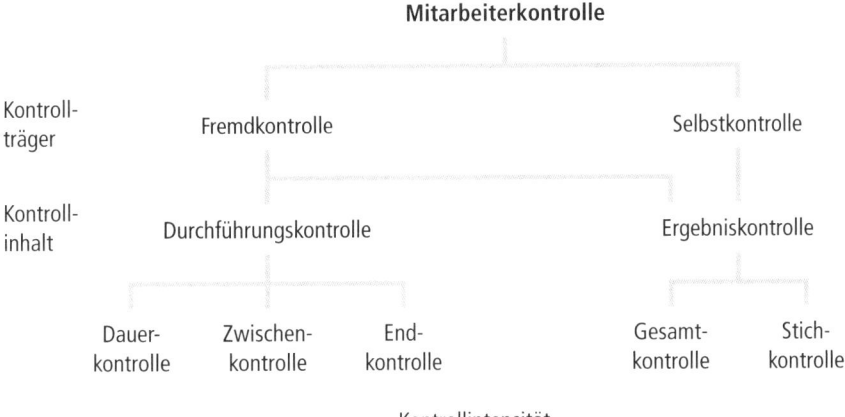

Zwei Anmerkungen hierzu: Bei der Fremdkontrolle kann der Vorgesetzte selber der Kontrolleur sein, aber auch ein von ihm Beauftragter. Statt der Bezeichnung „Durchführungskontrolle" wird auch der Begriff „Überwachung" verwendet, der allerdings oft besonders negative Gefühle weckt.

Will man seine Mitarbeiter in einem Klima der Arbeitszufriedenheit führen und gleichzeitig den größtmöglichen Nutzen für das Unternehmen erzielen, sollte man nicht gedankenlos oder gewohnheitsmäßig kontrollieren, sondern die Vielfalt dieses Instrumentariums nutzen. **Vielfalt nutzen**

Für die Wahl der optimalen Kontrollart sind in jedem Einzelfall die positiven und negativen Effekte der sich bietenden Alternativen gegeneinander abzuwägen.

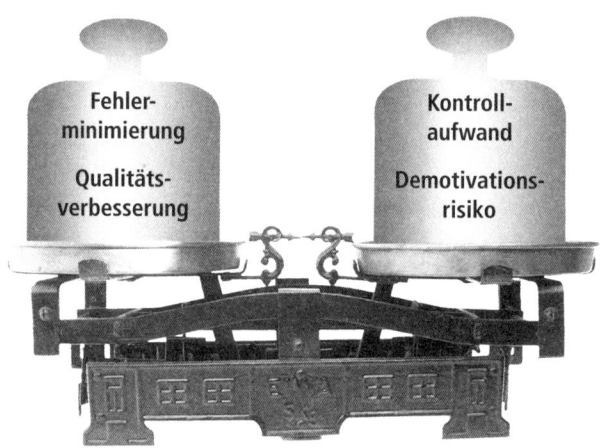

Arbeitshilfe Als Entscheidungshilfe sind im Anhang unter der Überschrift „Effekte der unterschiedlichen Kontrollarten" die jeweiligen positiven und negativen Effekte gegenübergestellt.

Diese Auflistung zeigt, dass es keine Kontrollart geben kann, die sich immer optimal einsetzen lässt. Je nach Art der Arbeitsaufgabe und Arbeitssituation können die einzelnen Auswahlkriterien mehr oder weniger schwerwiegend sein und sich die geschilderten Effekte unterschiedlich stark einstellen. Der bekannte Spruch „Vertrauen ist gut, Kontrolle ist besser" sollte daher besser lauten:

Vertrauen ist gut – Kontrolle nicht immer.

Grundregeln motivierender Mitarbeiterkontrolle

Bei Beachtung der nachstehenden Regeln kann Kontrolle als etwas Hilfreiches und Selbstverständliches erlebt werden und statt zu frustrieren sogar motivierend wirken.

Regel 1: Geeignete Kontrollart wählen.
Es gibt keine einzig richtige, sondern eine Vielzahl verschiedenartiger Kontrollverfahren (s. a. voriger Abschnitt). Wer stereotyp immer auf die gleiche Weise kontrolliert, wird nur selten der jeweiligen Situation gerecht werden.

Auswahlmöglichkeiten nutzen

Regel 2: Kontrolle rechtzeitig vereinbaren.
Überraschende Kontrollen geben den Mitarbeitern das Gefühl, sie sollten ertappt werden, und beeinträchtigen somit das Vertrauensverhältnis. Sie wirken auf Dauer verunsichernd, was die Fehlerhäufigkeit sogar steigern kann. Zuvor vereinbarte Kontrollen hingegen versachlichen und bieten Chancen zur Selbstkontrolle sowie selbstständigen Fehlerkorrektur. Verbietet sich die Ankündigung eines konkreten Kontrolltermins (z. B. bei der Kontrolle des Verhaltens gegenüber Kunden), sollte immerhin bekannt sein, dass überhaupt kontrolliert wird.

Zweckgerecht terminieren

Regel 3: Kontrolle begründen und erklären.
Bei der Ankündigung von Kontrollen sollten diese begründet und sollte das Kontrollverfahren offen gelegt bzw. erklärt werden. Nur dann können die Mitarbeiter die Kontrollen als gerecht empfinden und sie akzeptieren. Dem Gefühl persönlicher Schikane wird dadurch vorgebeugt.

Akzeptanz herstellen

Regel 4: Nur Wichtiges kontrollieren.

Keine Prinzipienreiterei Kontrolle sollte stets angemessen und keine Prinzipienreiterei sein. Wer sich selbstständig handelnde und risikobereite Mitarbeiter wünscht, muss selbst bereit sein, vertretbare Risiken einzugehen, und Mut zur Lücke beweisen. Undifferenzierte Kontrollen können auch dazu führen, dass Mitarbeiter unangemessen viel Zeit für Minderwichtiges aufwenden, nur um möglichst viele positive Ergebnisse vorweisen zu können. Das steht jedoch im Widerspruch zu einer rationellen, am Gesamterfolg orientierten Arbeitsweise.

Regel 5: Nicht nur nach Fehlern suchen.

Auch Positives registrieren Mitarbeiter dürfen nicht den Eindruck gewinnen, es sollten ihnen nur ihre Fehler nachgewiesen werden. Vielmehr sollten auch Ergebnisse normaler Güte den Kontrollierten mitgeteilt und überdurchschnittlich gute ausdrücklich anerkannt werden. Keine Chance auslassen, motivierende Erfolgserlebnisse zu vermitteln, dabei aber ehrlich bleiben!

Regel 6: Konstruktive Fehlerkultur schaffen.

Niemand ist unfehlbar Fehler nicht dramatisieren, sondern sie als zwar bedauerliche, aber natürliche menschliche Unzulänglichkeiten sehen. Ein vertretbares Maß an Fehlern zugestehen, denn niemand ist unfehlbar. Fehler als Chancen zum Erfahrungsgewinn sowie zur Qualitätsverbesserung betrachten. Nicht mit unproduktiver Suche nach Schuldigen aufhalten, sondern sich auf die Ursachenermittlung und Fehlerkorrektur beschränken. Keine demotivierenden Schuldzuweisungen. Vielmehr im Interesse des Gesamterfolgs ein Klima schaffen, das es den Mitarbeitern erleichtert, Fehler freiwillig zu bekennen und damit den Schaden begrenzen zu helfen.

Kontrolle sollte nicht vorrangig im Sinne der Fehlersuche, sondern der Erfolgsbestätigung betrieben werden.

Ungeliebt und oft gemieden: das Kritikgespräch

Eine mühevoll aufgebaute Mitarbeitermotivation kann durch eine ungeschickte Kontrolle oder verletzende Kritik schlagartig zunichte gemacht werden.

Mit „Kritikgespräch" bezeichnet man diejenigen Mitarbeitergespräche, bei denen es um einen konkreten Beanstandungspunkt geht. Das kann sein: ein mangelhaftes Arbeitsergebnis, eine Terminüberschreitung, ein unfreundliches Verhalten gegenüber einem Kunden oder Ähnliches. Geht es um eine allgemein unbefriedigende Arbeitshaltung, so wird ein diesbezügliches Gespräch auch als „Motivierungsgespräch" bezeichnet. Allerdings sind die beiden Gesprächsarten nicht immer trennscharf voneinander zu unterscheiden.

Konkrete Beanstandung

Kritikgespräche zählen zu den schwierigsten Mitarbeitergesprächen. Sie werden daher von beiden Seiten nicht gerade geliebt und oft gemieden. Das führt dann jedoch dazu, dass erkannte Mängel nicht abgestellt werden und man sich im Laufe der Zeit mit ihnen abfindet. Im Vergleich zu anderen Mitarbeitergesprächen werden beim Kritikgespräch in besonderem Maß die Selbstwertgefühle des Mitarbeiters berührt. Geht es doch in jedem Fall darum, mit ihm über ein mögliches Versagen oder eine Verfehlung zu sprechen – also um etwas Negatives.

Des Risikos bewusst sein

Es besteht somit stets das Risiko, dass
- es zu unsachlichen Äußerungen kommt,
- der Mitarbeiter enttäuscht und demotiviert wird,
- er sich angegriffen fühlt und mit Gegenangriffen reagiert

oder
░ das Gespräch insgesamt einen ungewollten Verlauf nimmt.

Eine gute Vorbereitung sowie eine systematische und zweckorientierte Steuerung sind daher bei dieser Art von Mitarbeitergesprächen besonders wichtig.

Keine vorschnellen Urteile fällen! Dabei ist besonders darauf zu achten, dass man als Gesprächsführer nicht bewertet – geschweige denn beschuldigt –, ehe der Sachverhalt hinreichend geklärt ist. Aber auch wenn sich die Beanstandung als zutreffend herausstellt, rechtfertigt dies kein unhöfliches oder unfaires Gesprächsverhalten.

Wichtiger Grundsatz: Erst klären – dann bewerten!

Nicht selten führen Vorgesetzte Kritikgespräche in erster Linie, um ihren eigenen Ärger loszuwerden. Gespräche dieser Art verlaufen zwangsläufig in einer aggressiven Grundstimmung, bauen auf Vor-Verurteilungen auf und geben dem Mitarbeiter kaum Gelegenheit, sich zu rechtfertigen oder Missverständnisse auszuräumen.

Trotz Kritik: Keine harten, aber klare Worte!

Akzeptanz der Gesprächsergebnisse In einem derartigen Klima ist eine für beide Seiten akzeptable Vereinbarung kaum zu erreichen. Die Akzeptanz des Gesprächsergebnisses durch den Mitarbeiter ist aber eine Voraussetzung dafür, dass er ein eventuelles Verschulden ehrlich bedauert und sich in konstruktiver Weise für die Beseitigung des beanstandeten Tatbestands einsetzt. Wenn notwendig, sollte ihm dafür auch Unterstützung angeboten werden.

Hauptziel eines Kritikgesprächs muss die Ursachenbeseitigung sein und nicht die Schuldzuweisung.

Der schlechteste Ausgang eines Kritikgesprächs ist, wenn es in einer derart feindseligen Atmosphäre verlaufen ist, dass der Mitarbeiter mit dem Gefühl hinausgeht, er habe sich die Sympathien seines Vorgesetzten für alle Zeiten verscherzt. Dass er zu dem Schluss kommt, in diesem Betrieb bzw. dieser Abteilung keinerlei Aufstiegschancen mehr zu haben und keine konfliktfreie Zusammenarbeit mehr erwarten zu können. In einem solchen Fall brachte das Gespräch keinen Nutzen, sondern war sogar schädlich: Der Vorgesetzte hat den Mitarbeiter verloren – er ist in die innere Kündigung geflüchtet (siehe auch Kapitel 6 „Innere Kündigung und Selbstpensionierung"). Dazu darf es natürlich keinesfalls kommen!

Gescheiterte Gespräche

Ein Kritikgespräch muss für den Mitarbeiter hilfreich sein. Es soll ihn aufbauen und nicht demotivieren.

Wie zuvor verdeutlicht, sind Kritikgespräche in aller Regel stark emotionsbesetzt und können deshalb dem Vorgesetzten trotz bester Absichten leicht aus dem Ruder laufen. Geht man jedoch mit einer konstruktiven Grundeinstellung in das Gespräch und gliedert es in folgerichtige und zielbewusste Schritte, hat man beste Chancen, auch in schwierigen Fällen einen weitgehend aggressionsfreien Verlauf zu erreichen und zu einer von beiden Seiten akzeptierten Vereinbarung zu gelangen.

Konstruktiver Gesprächsaufbau

Wegen seiner Brisanz sollte ein Kritikgespräch besonders sorgfältig vorbereitet sein und im Interesse einer umfassenden Problemlösung folgende Punkte behandeln:

- konstruktives Gesprächsklima schaffende Eröffnung
- unmissverständliche Benennung des Beanstandungspunkts
- Schilderung der problemrelevanten Beobachtungen des Vorgesetzten
- Stellungnahme des Mitarbeiters (Begründungen, Klarstellungen)
- Bewertung der Soll-Ist-Abweichung
- Würdigung der Unternehmens- und Mitarbeiterbelange
- Erarbeitung von Lösungsmöglichkeiten
- Vereinbarung von Lösungs- und Kontrollmaßnahmen
- optimistischer und wertschätzender Gesprächsabschluss

Arbeitshilfe Im Anhang finden Sie eine grafische Darstellung dieses Phasenmodells mit Erläuterungen der Inhalte sowie Empfehlungen für die Gesprächsführung. Da beim Kritikgespräch die Gefahr groß ist, durch emotionalisierende Äußerungen von der geplanten Gesprächsstrategie abzukommen, ist es ratsam, diesen Leitfaden beim Gespräch vorliegen zu haben und sich strikt an ihm zu orientieren.

Konsequente Zielverfolgung trotz demokratischen Führens

Erfolgloses Kritikgespräch Verständlicherweise wird in Führungsseminaren manchmal die Frage gestellt: „Was mache ich, wenn ich mit einem Mitarbeiter im Sinne des demokratischen Führungsstils ein partnerschaftliches Kritikgespräch geführt habe, in dem er versprochen hat, den beanstandeten Mangel zu beheben, dies aber nach der vereinbarten Frist immer noch nicht geschehen ist? Besteht dann nicht die Gefahr, dass man trotz demokratischen Selbstverständnisses in ein autokratisches

Führen verfällt – oder einem sogar nichts anderes übrig bleibt?"

Natürlich kommt es immer wieder vor, dass trotz eines konstruktiv geführten, einvernehmlichen Kritikgesprächs der betreffende Mitarbeiter die getroffenen Absprachen nicht einhält. Er entweder überhaupt nicht tätig wird oder auch das neue Arbeitsergebnis unzureichend ausfällt. Aber auch dann bleibt nichts anderes übrig, als erneut mit ihm zu sprechen, um herauszubekommen, *warum* der Mangel noch immer nicht beseitigt ist, und mit ihm eine *neue Vereinbarung* zu treffen. Insbesondere bei grundlegenden Leistungs-, Verhaltens- oder Motivationsmängeln ist es unrealistisch zu erwarten, dass ein Mitarbeiter durch ein einziges Gespräch zu ehrlicher Einsicht und durchgreifender Änderung seiner Arbeitshaltung zu bringen ist. Dann wäre Mitarbeiterführung einfach! Das Ändern menschlicher Verhaltensgewohnheiten und Grundeinstellungen bedarf nun mal der Geduld und permanenter Überzeugungsarbeit.

Permanente Überzeugungsarbeit

Arbeitsziele ergeben nur dann einen Sinn, wenn sie tatsächlich erreicht werden. Daher ist es eine der wichtigsten Aufgaben jeder Führungskraft dafür zu sorgen, dass die Arbeitsergebnisse trotz eventueller Schwächen oder Widerstände von Mitarbeitern den gesetzten Zielen entsprechen. Notfalls muss der Prozess von der Ermittlung der Problemursache bis hin zur erneuten Kontrolle mehrfach durchlaufen werden. So lange, bis das gewünschte Ergebnis wirklich erreicht ist.

Nicht aufgeben!

Die folgende Grafik beschreibt einen solchen Kreislauf.

Prozess	Führungsverhalten	
	autokratisch, repressiv	**demokratisch, partnerschaftlich**
Soll-Ist-Abweichung Ziel wurde nicht erreicht		
Ursache ermitteln	Ursachen- vermutung des Vorgesetzten	gemeinsame Suche nach Ursachen
Korrekturmaßnahme planen	Festlegung durch den Vorgesetzten	Erfragen von Vorschlägen des Mit- arbeiters
Maßnahme initiieren	Maßnahmen- anordnung, Androhung	Maßnahmen- vereinbarung, Aufzeigen
Maßnahme durchführen	Beaufsichtigung durch den Vorgesetzten	erforderlichenfalls Unterstützung durch den Vorgesetzten
Zielerreichung erneut kontrollieren	vorrangig Fehlersuche	vorrangig Erfolgskontrolle
Soll-Ist-Abweichung erneuter Korrekturbedarf	Vorwürfe wegen Mitarbeiter- versagens, Disziplinierung	Verdeutlichung der Mängel, Verein- barungen für die Mängelbeseitigung
Soll-Ist- Übereinstimmung Ziel ist erreicht	Selbstzufriedenheit des Vorgesetzten	Anerkennung des Mitarbeiter- erfolgs

Das hartnäckige Bestehen auf eine vorgabengerechte Aufgabenerfüllung bedeutet noch lange keine Abkehr vom demokratischen Führungsstil. Auch demokratisches Führen muss in der Sache zielstrebig sein. Wie das vorstehende Ablaufschema zeigt, ist es ausschließlich eine Frage der Verhaltensweisen und der Art der Maßnahmen der Führungskraft, ob ein solcher Prozess dem demokratischen oder autokratischen Führungsverständnis entspricht. In jeder einzelnen Phase hat man als Führungskraft die Wahl zwischen demokratischen und autokratischen Mitteln.

Beharrlichkeit ist nicht undemokratisch

Konsequente Zielverfolgung und demokratischer Führungsstil müssen einander nicht ausschließen.

Allerdings müssen mit jedem erneuten Fehlschlag die Gespräche mit steigendem Nachdruck geführt werden und dem Mitarbeiter die Auswirkungen eines erneuten Scheiterns mit aller Deutlichkeit vor Augen geführt werden. Im Sinn des situationsgerechten Führens müssen notfalls auch autokratische Maßnahmen ergriffen werden, wenn ein weiteres Tolerieren nicht mehr vertretbar ist. Im Kapitel 5 „Auf den Stil kommt es an" wurden die grundsätzlichen Möglichkeiten im Umgang mit menschlichen Widerständen ausführlich behandelt.

Nachdruck steigern

Mitarbeiterführung ist ein mühevolles Geschäft, bei dem Rückschläge nicht ausbleiben. Bringt man jedoch die nötige Ausdauer und Zuversicht auf, wird das durch echte, langfristig wirkende Erfolge belohnt. Dann befriedigt die Führungsarbeit durch echte Arbeitsfreude, Leistungssteigerungen und verständnisvolles Verhalten der Mitarbeiter, kann einem das Führen von Mitarbeitern Freude bereiten und stolz machende Erfolgserlebnisse verschaffen.

Stetes Bemühen bringt Erfolgserlebnisse

Zielerreichung und Schlusswort

Leserziel erreicht? Mit den Überlegungen zur Kontrolle der Zielerreichung hat sich der Managementkreis geschlossen und ist gleichzeitig der Schluss dieses Buchs erreicht. Der Autor hofft, damit auch das Buchziel erreicht und Ihre Lesererwartungen erfüllt zu haben.

Er hofft, Ihnen den nötigen Mut und Optimismus vermittelt zu haben, sich Führungsaufgaben zu stellen, und dass Sie die Überzeugung gewonnen haben, dass auch unter den heutzutage schwierigen Bedingungen eine erfolgreiche Mitarbeiterführung möglich ist. Letztlich ist es „nur" eine Frage der menschorientierten Grundeinstellung, des zeitgemäßen Führungsverständnisses sowie des Beherrschens einiger hilfreicher Führungsmethoden, -techniken und -instrumente.

Schrittweise zum Führungserfolg Selbstverständlich kann Ihnen das Buch nur die Richtung aufzeigen, die Sie auf dem Weg zum Führungserfolg einschlagen sollten. Den Weg gehen – das heißt die Erkenntnisse in die Praxis umzusetzen – werden Sie alleine müssen. Das wird nicht immer leicht und auch von gelegentlichen Misserfolgen begleitet sein. Wenn Sie jedoch durch Ihre theoretischen Kenntnisse in die Lage versetzt sind zu erkennen, warum es diesmal schief ging, werden Sie daraus die richtigen Schlüsse ziehen und beim nächsten Mal erfolgreicher vorgehen.

Wenn Sie die Empfehlungen dieses Buchs weitgehend im Führungsalltag umsetzen, kann Ihrem Erfolg als Führungskraft nichts mehr im Weg stehen!

Arbeitshilfen

Um mit den Arbeitshilfen optimal arbeiten zu können, ist es empfehlenswert, sich die entsprechenden Seiten zu kopieren und dabei auf DIN-A4-Format zu vergrößern oder sich entsprechende Dokumentvorlagen auf dem Computer einzurichten. Gerne sende ich Ihnen auch kostenlos die entsprechenden Word-Dateien. Bitte Mail an institut@ mensor.de.

Praxisbeispiele motivierender Führungsmaßnahmen (s. a. Seite 115 ff.)

Nach Kategorien gemäß der Maslow'schen Bedürfnishierarchie geordnet sind nachstehend einige Motivierungsmaßnahmen aus dem Führungsalltag aufgeführt.

Die meisten davon verursachen keine oder nur geringfügige Kosten. Das gilt ganz besonders für die Maßnahmen zur Befriedigung von Bedürfnissen nach Gesellschaft, Wertschätzung und Selbstverwirklichung. Gerade sie aber sind besonders gut geeignet, langfristige Arbeitszufriedenheit und Leistungsbereitschaft zu schaffen.

Manche der Maßnahmen sind gleich mehreren Bedürfniskategorien zuzuordnen. Beispielsweise befriedigen persönliche Gespräche durch die Weitergabe von Informationen das Sicherheitsbedürfnis und vertiefen außerdem die Vorgesetzten-Mitarbeiter-Beziehung, was wiederum dem Bedürfnis nach Gesellschaft entgegenkommt. Darüber hinaus signalisieren persönliche Gespräche dem Mitarbeiter, dass er einem wichtig ist und man sich für ihn Zeit nimmt, was ein Ausdruck der Wertschätzung ist.

Maßnahmen, die auf mehrere Bedürfnisse gleichzeitig abzielen, können gleich mehrfache Motivationseffekte auslösen und treffen mit hoher Wahrscheinlichkeit auf ein tatsächlich vorhandenes Bedürfnis.

Maßnahmen zur Befriedigung von Mitarbeiterbedürfnissen nach körperlichem Wohlbefinden

- den körperlichen Belastbarkeiten angepasste Arbeitseinteilung
- mitarbeitergerechte Arbeitszeit-, Pausen- und Urlaubsregelungen
- Vermeiden belastender Schicht-, Nacht- und Überzeitarbeiten
- zweckmäßige und ansprechende Arbeits-, Pausen- und Sanitärräume
- begrünte Innen- und Außenanlagen zur Entspannung
- optimale Beheizung, Belüftung und Beleuchtung
- Beseitigen von Lärm-, Staub- und Geruchsbelästigungen
- getrennte Raucher- und Nichtraucherzonen
- zweckmäßige und ergonomisch einwandfreie Arbeitsplatzausstattung
- behindertengerechte Raumausstattungen und Verkehrswege
- zweckmäßige und attraktive Arbeitskleidung
- Verpflegungsmöglichkeiten (Kantine, Catering-Service, Automaten, Wasserspender)
- Möglichkeiten für sportliche Betätigungen (Betriebssport, Fitnessraum)
- medizinische Betreuung durch Betriebsarzt oder Krankenschwester

Maßnahmen zur Befriedigung von Mitarbeiterbedürfnissen nach Sicherheit

- längerfristige und faire Arbeitsverträge
- Vorkehrungen für die Arbeitssicherheit (Schutzkleidung, Schutzvorrichtungen)
- eindeutige Regelung der Zuständigkeiten und Kompetenzen

- umfassende Information (Organisationsänderungen, Firmenentwicklung)
- regelmäßige und pünktliche Lohn- bzw. Gehaltszahlungen
- Aufklärung über Qualifizierungs- und Aufstiegsmöglichkeiten sowie Sozialleistungen
- Entsenden zu Fortbildungsmaßnahmen, Gewähren von Bildungsurlaub
- sichere Aufbewahrungsmöglichkeiten für persönliche Gegenstände
- persönliche Gespräche über Sorgen und Nöte der Mitarbeiter, Hilfsangebote
- Einhalten gemachter Zusagen
- Rückmeldungen über Arbeitsergebnisse und Leistungsstand
- Vermeiden von Schwarzmalerei, Vermitteln von Optimismus

Maßnahmen zur Befriedigung
von Mitarbeiterbedürfnissen nach Gesellschaft

- häufige Gespräche statt schriftlicher Mitteilungen
- Bekunden des Interesses am persönlichen Mitarbeiterschicksal
- Arbeitsgruppen und Projektteams
- Zusammenarbeit besonders harmonierender Kollegen
- Gemeinschafts- bzw. Großraumbüros
- regelmäßige Gruppenbesprechungen
- Schlichten von Konflikten, Unterbinden von Mobbing
- gemeinsame Pausenzeiten und -räumlichkeiten
- Fördern des Firmen- und Gruppenimages sowie Gemeinschaftsbewusstseins
- Betriebsfeste, Ausflüge, Besichtigungen, Veranstaltungsbesuche
- Sportgemeinschaften und Hobbygruppen
- Tage der offenen Tür für Familienangehörige

Maßnahmen zur Befriedigung
von Mitarbeiterbedürfnissen nach Wertschätzung

- Begrüßen der Mitarbeiter per Handschlag und mit Namen
- Namensschilder zur Anbringung an Kleidung oder Zimmertür

- Gratulation zu besonderen Anlässen (Geburtstag, Hochzeit, Beförderung, Jubiläum)
- Respektieren persönlicher Weltanschauungen oder Wertvorstellungen
- verantwortungsvolle und herausfordernde Aufgabenstellungen
- Erfragen von Meinungen, Vorschlägen und Wünschen
- Einräumen von Eigenverantwortung und Entscheidungsbefugnis
- verbales Anerkennen positiver Arbeitsergebnisse
- Prämien bzw. Zulagen für überdurchschnittliche Leistungen
- Erwirken von Beförderungen oder Höhergruppierungen
- Belohnungen durch Arbeitserleichterungen oder kleine Vergünstigungen
- herausgehobene Aufgaben für verdienstvolle Mitarbeiter

Maßnahmen zur Befriedigung von Mitarbeiterbedürfnissen nach Selbstverwirklichung

- Freiräume für kreative Aktivitäten
- Unterstützen von Eigeninitiativen
- Verzicht auf allzu einengende Arbeitsanweisungen
- Arbeitsraum- und Arbeitsplatzgestaltung durch die Mitarbeiter selbst
- Würdigung von Verbesserungsvorschlägen (auch von nicht-realisierbaren)
- Vorschläge vom Betreffenden selbst verwirklichen bzw. erproben lassen
- Tolerieren ausgefallener Kleidung oder Frisur, soweit vertretbar
- Sonderaufträge entsprechend persönlichen Fähigkeiten, Vorlieben, Hobbys
- Zulassen individueller Arbeitszeiteinteilung
- Berücksichtigung von Weiterbildungswünschen
- Unterstützen von Betriebsrats- und gewerkschaftlichen Tätigkeiten
- Erleichtern ehrenamtlicher Tätigkeiten (freiwillige Feuerwehr, Sozialarbeit, politische Ämter)

Anzeichen innerer Kündigung (s. a. Seite 133)

Nachstehend sind Verhaltensmerkmale aufgeführt, die typischerweise auf eine vollzogene oder sich anbahnende innere Kündigung eines Mitarbeiters hinweisen.

- zunehmend widerspruchsloses Befolgen von Anweisungen, selbst dann, wenn diese offenbar auf falschen Annahmen oder Entscheidungen beruhen
- keine Rückfragen bei Informationslücken oder Verständnisproblemen
- kritikloses Zustimmen zu allen Vorschlägen oder Ideen des Vorgesetzten
- keine unangeforderten eigenen Vorschläge oder Stellungnahmen
- gelassenes Erdulden von Kritik oder Änderungswünschen
- Liegenlassen von Arbeiten, sobald kein Verschulden nachweisbar ist
- keine eigeninitiative Terminverfolgung
- vorschnelles Abbrechen von Arbeiten bei Problemen oder Widerständen
- Dulden von Fehlentwicklungen, sofern sie keine persönlichen Nachteile bringen
- stetes Ablehnen von Mehrarbeit, Überstunden und zusätzlicher Verantwortung
- kein volles Ausnutzen des eigenen Zuständigkeitsrahmens
- Rückdelegieren von Entscheidungsbefugnissen
- Hinnehmen von Eingriffen in den eigenen Weisungsbereich
- keine ungefragten Meinungsäußerungen in Besprechungen
- unkritisches Anschließen an Mehrheitsmeinungen
- abwertende Bemerkungen im Kollegenkreis über Vorgesetzte, Arbeitsaufgaben und/oder das Unternehmen als Ganzes
- kein Interesse an Fortbildungsangeboten
- unauffälliges Verhalten, Zurückziehen an den eigenen Arbeitsplatz
- Ausnutzen jeglicher Erleichterungsmöglichkeiten

- Überziehen der Pausen, dagegen kein Verpassen des Feierabends
- sich häufende Ausfalltage wegen leichter Erkrankungen

Effekte der unterschiedlichen Kontrollarten
(s. a. Seite 141)

Als Entscheidungshilfe sind hier die typischen Effekte der einzelnen Kontrollarten aufgeführt.

Kriterium	Kontrollart	mögliche positive Effekte	mögliche negative Effekte
Kontroll-träger	Fremd-kontrolle	Unvoreingenommenheit des Kontrolleurs	Gefühl des Misstrauens beim Mitarbeiter
		umfassende Information des Vorgesetzten	Minderung des Verantwor-tungsbewusstseins
		unverzügliches Eingreifen des Vorgesetzten	zusätzliche Kontrollperson und Erklärungsaufwand
	Selbst-kontrolle	motivierender Vertrauensbeweis	„Blindheit" gegenüber eigenen Fehlern
		geringstmöglicher Kontrollaufwand	Versuchung des Verharm-losens eigener Fehler
		eigeninitiative und sofortige Fehlerbeseitigung	präzisere Arbeitsvorgaben erforderlich

Kriterium	Kontrollart	mögliche positive Effekte	mögliche negative Effekte
Kontroll-inhalt	Durch-führungs-kontrolle (auch Überwachung)	frühes Erkennen von Fehlern und Fehlentwicklungen	Verunsicherung durch wiederholte Kontrollen
		auch Mängel einzelner Arbeitsschritte erkennbar	hoher Zeit- bzw. Personalaufwand
		Erkennen von Möglichkeiten der Ablaufoptimierung	Tendenz zu formalistischen Ablaufregelungen
	Ergebnis-kontrolle	geringerer Zeitaufwand für die Kontrolle	spätes oder zu spätes Erkennen von Fehlern
		relativ geringe Gefahr der Demotivierung	Nichtbeachtung von Ausführungsvorgaben
		Ziel- und Ergebnisorientie-rung des Mitarbeiters	keine Erkenntnisse über Organisationsmängel
Kontroll-intensität (bei Durch-führungs-kontrolle)	Dauer-kontrolle	sofortiges Erkennen von Fehlern oder Schwierigkeiten	Gefühl ständig überwacht zu werden
		optimale Steuerungs-möglichkeiten für den Vorgesetzten	extrem hoher Zeit- bzw. Personalaufwand
		Schutz der Beschäftigten bei gefährlichen Arbeiten	sorgloses Arbeiten, geringe Eigen-verantwortung

Kriterium	Kontrollart	mögliche positive Effekte	mögliche negative Effekte
	Zwischen-kontrolle	gleiche Effekte, wie bei der Dauerkontrolle, jedoch entsprechend schwächer	
	Endkontrolle	nur anhand zuverlässiger schriftlicher Dokumentation des Arbeitsablaufes möglich	
Kontroll-intensität (bei Ergebnis-kontrolle)	Gesamt-kontrolle	Gewährleistung der Fehlerfreiheit aller Endergebnisse	sehr hoher Kontrollaufwand
		Chancen für lückenlose Nachbesserungen	Eindruck von Misstrauen oder sogar Schikane
		hohe Kundenzufriedenheit durch fehlerfreie Endprodukte	nachlassende Arbeits-sorgfalt wegen garantierter Nachprüfung und Korrektur
	Stich-kontrolle	relativ geringer Kontrollaufwand	keine garantierte Fehlerfreiheit
		Förderung der Mitarbeitermotivierung	bei großen Intervallen zu geringe Fehlersicherheit
		Erziehung zur Eigenverantwortung	Eindruck unsystematischer oder halbherziger Kontrollen

Checkliste zur Vorbereitung von Mitarbeitergesprächen (s. a. Seite 60 ff., 146)

Persönliche Vorbereitung

Ausgangslage
Anlass, Zeitpunkt, Auswirkungen, Beteiligte, Informanten

Ziele
Maximal-/Minimalziel des Gesprächs, Grob-/Feinziele
Unternehmens- und Arbeitsziele
eigene Zielsetzungen
vermutliche Mitarbeitervorsätze und -erwartungen

Kenntnisstand
Wahrnehmungen und Kenntnisse zum Gesprächsanlass
Informationen durch andere
Qualität der Informationen

Unternehmens-situation
berührte Unternehmensbelange
Leistungsanforderungen des Unternehmens

Arbeitsplatz-situation
Aufgabengebiet des Mitarbeiters
frühere und aktuelle Arbeitsaufträge
Sonderaufträge, soziales Engagement
besondere Vorkommnisse der letzten Zeit

Mitarbeiter-persönlichkeit
Mentalität, Eigenheiten, Fähigkeiten
Arbeits- und Sozialverhalten
berufliche Laufbahn, betriebliche Vergangenheit
besondere Interessengebiete, Hobbys
problemrelevante Einflüsse des Privatlebens
vermutete aktuelle Gefühlslage des Mitarbeiters

eigene Situation
Interessenlage, Belange des Verantwortungsbereichs
bindende Aufträge, Regelungen, Zuständigkeitsgrenzen
Beziehung zum Mitarbeiter
eigene Stimmungslage, Betroffenheit, Verärgerung

Gesprächs-strategie	▨ eigene Argumente und Vorschläge
	▨ zu erwartende Argumente und Einwände des Mitarbeiters
	▨ Gliederung des Gesprächs

Logistik

Termin	▨ zeitlich sinnvoller Abstand zum Anlass (mit frischer Erinnerung, aber emotionaler Distanz)
	▨ geschätzte Dauer (keine Einengung durch andere Termine)
	▨ eventuelle Gesprächsausweitung auf Randthemen
Einladung	▨ rechtzeitig (auch der Mitarbeiter muss sich vorbereiten können)
	▨ Termin, Ort, Thema, benötigte Vorarbeiten und Unterlagen
Raum	▨ für Zwiegespräch geeigneter Raum
	▨ Störungsfreiheit (Lärm, Besucher, Telefonate)
Sitzposition	▨ zwanglose Sitzordnung (möglichst ohne Schreibtischbarriere)
	▨ angemessener Sitzabstand (mindestens Armlänge)
	▨ gleiche Augenhöhe
Bewirtung	▨ Kaffee, Tee und/oder Kaltgetränk
	▨ Salzgebäck, Kekse oder Konfekt im Rahmen des Üblichen
Zubehör	▨ Gesprächsleitfaden, schriftliche Unterlagen, Schreibmittel, Terminkalender

Leitfaden für Zielvereinbarungsgespräche (s. a. Seite 62)

Die obersten Gebote lauten:
Ziele unmissverständlich benennen und messbar formulieren! Verbindliche Vereinbarungen machen und keine vagen Absichtserklärungen!

Phase	Inhalte	Gesprächsführung
Vor bereitung	Rückblick Ergebnis- bewertung Zielplanung Gesprächsrahmen	letzte Zielvereinbarungen und Ergebnisse überdenken Bereichsziele der kommenden Periode bewusst machen daraus Zielvorstellungen für den Mitarbeiter entwickeln Gespräch dem Mitarbeiter rechtzeitig ankündigen für optimale Rahmenbedingungen sorgen
Eröffnung	Eingangskontakt Anlass Gesprächsziele Vorgehensweise	freundlich begrüßen, Platz und u.U. Getränk anbieten partnerschaftliche Sitzposition wählen Zweck und Bedeutung des Gesprächs erläutern auf Verbindlichkeit der Zielvereinbarungen hinweisen geplanten Gesprächsablauf vorstellen
Rückschau	Erfolgsbilanz Zielerreichungen Zielabweichungen Schluss- folgerungen	Mitarbeiterbericht zur vergangenen Arbeitsperiode Selbsteinschätzung des Arbeitserfolgs Vorgesetztenbewertung der Zielerreichung Gründe für eventuelle Zielabweichungen besprechen Schlussfolgerungen für die nächste Arbeitsperiode
Vorschau	Gesamtsituation Tendenzen Bereichsziele Anforderungen	Gesamtsituation des Unternehmens verdeutlichen externe und interne Entwicklungstendenzen aufzeigen aktuelle Unternehmensziele darlegen dem eigenen Arbeitsbereich vorgegebene Ziele nennen künftige Leistungs-/Fähigkeitsanforderungen nennen
Mitarbeiter-anliegen	Erwartungen Vorsätze Bedenken Vorschläge	Erwartungen des Mitarbeiters an die nächste Periode Vorschläge oder Bedenken des Mitarbeiters eigene Zielsetzungen und Vorsätze des Mitarbeiters Mitarbeiterwünsche hinsichtlich seiner Tätigkeitsinhalte Qualifizierungs- oder Karrierewünsche
Verein-barung	Arbeitsziele Termine Ressourcen Kontrollen	konkrete Arbeitsziele für den Mitarbeiter formulieren Bewertungsmaßstäbe, Prioritäten und Termine festlegen notwendige Finanzen, Sachmittel, Befugnisse benennen Kontrollart, -umfang und -termine definieren Protokollierung der Zielvereinbarungen
Abschluss	Gesprächsbilanz Hilfsangebot Wertschätzung Ausgangskontakt	beiderseitigen Gesprächsnutzen würdigen Rat und Unterstützung bei Problemen anbieten konstruktive Mitwirkung des Mitarbeiters anerkennen positive Erwartungen an die künftige Arbeit äußern Mitarbeiter höflich und freundlich verabschieden

Formblatt für Zielvereinbarungen

Zielvereinbarung	zwischen (Führungskraft): und (Mitarbeiter/in):	Gesamtziel/ Vorhaben: Datum:
Zielelemente	Vereinbarungen	Bemerkungen
Zielgrößen Was soll nach Möglichkeit erreicht werden? Was muss mindestens erreicht werden?		
Bewertungsgrößen Wie viel soll erreicht werden? Wie gut bzw. genau sollen die Ergebnisse sein?		
Teilziele In welchen Schritten soll das Gesamtziel erreicht werden?		
Termine Bis wann sollen bzw. müssen die Ergebnisse vorliegen?		

Voraussetzungen Welche und wie viele Ressourcen dürfen eingesetzt werden? Welche flankierenden Maßnahmen sind notwendig? Wer ist zu beteiligen?		
Kontrolle Wer kontrolliert was, wie und wann?		

Unterschrift Mitarbeiter/in: _____

Unterschrift Führungskraft: _____

Leitfaden für Beurteilungs-/Fördergespräche

Die Phasen „Bekanntgabe" und „Stellungnahme" entfallen, wenn es sich um ein reines Fördergespräch handelt, also ohne Bekanntgabe einer schriftlichen Beurteilung. Hingegen können beim reinen Beurteilungsgespräch die Phasen „Perspektive" und „Vereinbarung" entfallen oder verkürzt behandelt werden.

Phase	Inhalte	Gesprächsführung
Vor bereitung	Beurteilungs- inhalte Notenvergleich Einstimmung Ankündigung	Beurteilung nochmals aufmerksam lesen Noten mit der letzten Beurteilung vergleichen zwischenzeitliche Mitarbeiterentwicklung einschätzen auf Mitarbeiterpersönlichkeit/-reaktionen einstimmen Gesprächstermin rechtzeitig vereinbaren
Eröffnung	Eingangskontakt Gesprächsklima Anlass Beurteilungsregeln	freundlich begrüßen, Platz und u. U. Getränk anbieten positiven Gesprächseinstieg wählen Gesprächsanlass nennen, Nutzen verdeutlichen geplante Vorgehensweise vorstellen Beurteilungsverfahren und -zeitraum erläutern
Bekannt- gabe	Aushändigung Kenntnisnahme Erläuterungen Entwicklungs- stand	Beurteilung aushändigen, in Ruhe lesen lassen Herausstellen der wesentlichen Beurteilungsaussagen durch typische Arbeiten/Verhaltensweisen belegen Positives loben, Negatives ohne Umschweife benennen Entwicklung seit letzter Beurteilung besprechen
Stellung- nahme	Mitarbeiter- meinung Selbsteinschätzung Begründungen Klarstellungen	Mitarbeiter zur freimütigen Stellungnahme ermutigen aufmerksam und aufgeschlossen zuhören ggf. abweichende Selbsteinschätzung begründen lassen auch emotional überzogene Äußerungen hinnehmen Unklarheiten oder Missverständnisse aufklären
Perspek- tive	Mitarbeiterwünsche Anforderungen Steigerungs- potenzial Karrierechancen	Tätigkeits-/Karrierewünsche des Mitarbeiters anhören künftige Anforderungen/Erwartungen an den Mitarbeiter zu beseitigende Defizite, Steigerungsmöglichkeiten Fortbildungs-/Einarbeitungswünsche registrieren Beschäftigungs-/Karriereaussichten besprechen
Verein- barung	Fördermaßnahmen Eigeninitiativen Tätigkeitswechsel Hilfsangebote	Entwicklungs- bzw. Qualifizierungsziele formulieren konkrete Weiterbildungs-/Fördermaßnahmen vorsehen Mitarbeiter zu Eigeninitiativen auffordern möglicherweise Tätigkeitswechsel vorsehen bei Überforderung Arbeitserleichterungen anbieten
Abschluss	Gesprächsbilanz Wertschätzung Ausblick Ausgangskontakt	Kenntnisnahme der Beurteilung bestätigen lassen Kopie der Beurteilung aushändigen grundsätzliche Wertschätzung zum Ausdruck bringen positive, ermutigende Erwartungen äußern Mitarbeiter höflich und freundlich verabschieden

Checkliste für Beurteilungs-/Fördergespräche (s. a. Seite 62)

Name des Mitarbeiters: Gesprächstermin: Ort:

Phase	Gesprächspunkte	Vorbereitungsnotizen (Argumente, Beispiele, Fragen)	Gesprächsergebnisse
Eröff-nung	Beurteilungs-/ Gesprächsanlass Beurteilungsverfahren Bewertungskriterien/ -maßstäbe Beurteilungszeitraum Mitbeurteiler		
Bekannt-gabe	Aushändigung der Beurteilung besonders positive Ergebnisse besonders kritische Punkte typische Leistungs-/ Verhaltensbeispiele Leistungsentwicklung seit der letzten Beurteilung		
Stellung-nahme	Selbsteinschätzung des Mitarbeiters Mitarbeiterfragen Unklarheiten, Missverständnisse		
Perspek-tive	Mitarbeiterwünsche, -vorsätze künftige Anforderungen Leistungsniveau des Mitarbeiters		

	besondere Stärken/
	Neigungen
	Kenntnis-/Leistungsdefizite
	Einarbeitungs-/Fort-
	bildungsbedarf
	Qualifizierungsmöglichkeiten
	ggf. geplanter Einsatzwechsel
	Aufstiegsmöglichkeiten im
	Arbeitsbereich/Unternehmen
Verein-	Entwicklungs- bzw.
barung	Qualifizierungsziele
	Qualifizierungsmaßnahmen
	des Arbeitgebers
	Qualifizierungsaktivitäten
	des Mitarbeiters
	Tätigkeits-/Arbeitsplatzwechsel
	Unterstützungsmaßnahmen
	Erfolgskontrolle
Ab-	Gesprächsnutzen/-verlauf
schluss	schriftliche Bestätigung der
	Beurteilungsbekanntgabe
	Aushändigung einer Kopie
	grundsätzliche Wertschätzung
	positive Erwartungen

Leitfaden für Kritikgespräche (s. a. Seite 147 ff.)

Die obersten Gebote lauten:
Ursachenbeseitigung geht vor Schuldfrage! Erst klären –
dann bewerten!

Keine harten – aber klare Worte!
Das Gespräch soll aufbauen, nicht demotivieren!

Phase	Inhalte	Gesprächsführung
Vorbereitung	Faktenlage Gefühlssituation Gesprächsrahmen Ankündigung	Beanstandungspunkte überdenken und konkretisieren Beobachtungen und Feststellungen auflisten eigene Gefühlslage prüfen (Verärgerung, Antipathie) günstigen Zeitpunkt und störungsfreien Raum wählen Gespräch dem Mitarbeiter vorher ankündigen
Eröffnung	Eingangskontakt Gesprächsklima Gesprächsart Gesprächsziel	höflich begrüßen, Platz anbieten keine Verärgerung zeigen, angemessen freundlich sein entspannenden Einstieg wählen (aber nicht überziehen) Gesprächsart und -anlass unbefangen benennen für Freimütigkeit und konstruktiven Verlauf plädieren
Beanstandung	Sachverhalt Beobachtungen Kritikpunkte Auswirkungen	Sachverhalt aus eigener Sicht wertfrei schildern Selbstbeobachtetes und Zugetragenes trennen Kritikpunkte sachlich und ohne Umschweife darlegen keine Verallgemeinerungen, keine Vorverurteilungen Problemauswirkungen und deren Ausmaß beschreiben
Stellungnahme	Mitarbeitersicht Mitarbeiterprobleme Begründungen Klarstellungen	Mitarbeiter zu freimütiger Stellungnahme auffordern Gründe für gegebenen Sachverhalt erfragen aufmerksam zuhören, ggf. Notizen machen Unklares, Lückenhaftes oder Unlogisches klären lassen Privat-/Intimsphäre respektieren, Diskretion zusichern
Bewertung	Soll-Ist-Vergleich Leistungsziele Mitarbeiterbelange Problemausmaß	Soll- und Ist-Zustand beschreiben und gegenüberstellen Unternehmens- und Mitarbeiterbelange abwägen nur Arbeiten/Verhalten bewerten, nicht Persönlichkeit keine harten Worte, aber klare Sprache wählen wenn Beanstandung haltlos, Gespräch hier beenden
Vereinbarung	Lösungsweg Mitarbeitervorsätze Hilfsangebote Kontrollabsprachen	Mitarbeiter um eigene Lösungsvorschläge bitten ggf. ergänzende oder Alternativvorschläge machen positive Mitarbeitervorsätze ausdrücklich anerkennen Mut machen, erforderlichenfalls Unterstützung anbieten Kontrollabsprachen treffen (was, wann, wie)
Abschluss	Gesprächsbilanz Ausblick Wertschätzung Ausgangskontakt	Gesprächsergebnis und -verlauf würdigen positive, optimistische Erwartungen äußern grundsätzliche Wertschätzung zum Ausdruck bringen bei heftigem Verlauf versöhnlichen Ausklang schaffen höfliche und angemessen freundliche Verabschiedung

Ergänzende Literatur

Affemann, Rudolf: *Führen durch Persönlichkeit*, Rosenberger Fachverlag, Leonberg, 1997

Albs, Norbert: *Wie man Mitarbeiter motiviert*, Cornelsen Verlag, Berlin, 2005

Bay, Rolf H.: *Zielorientiert führen*, Vogel Verlag, Würzburg, 1994

Brandes, Dieter: *Alles unter Kontrolle?*, Campus Verlag, Frankfurt/Main, 2004

Brenner, Doris & Frank: *Beurteilungsgespräche souverän führen*, Fachverlag Deutscher Wirtschaftsdienst, Köln, 2002

Bruce, Anne & Pepitone, James S.: *Mitarbeiter motivieren*, Campus Verlag, Frankfurt/Main, 2001

Busch, Burkhard G.: *Erfolg mit Mitarbeitern in kleineren Unternehmen*, Cornelsen Verlag, Berlin, 2000

Correll, Werner: *Motivation und Überzeugung in Führung und Verkauf*, Moderne Verlagsgesellschaft, Landsberg/Lech, 2000

Crisand, Ekkehard & Stephan, Pamela: *Personalbeurteilungssysteme*, Sauer-Verlag, Heidelberg, 2002

Drzyzga, Uwe: *Personalgespräche richtig führen*, Deutscher Taschenbuch Verlag, München, 2000

Felser, Georg: *Motivationstechniken,* Cornelsen Verlag, Berlin, 2002

Fröhlich, Peter: *Kritisieren – aber richtig,* Verlag Neuer Merkur, München, 2000

Goldfuß, Jürgen W.: *Endlich Chef – was nun?,* Campus Verlag, Frankfurt/Main, 2000

Höhler, Gertrud: *Warum Vertrauen siegt,* Econ Verlag, München, 2003

Kellner, Hedwig: *Kritikgespräche führen,* Financial Times Deutschland, München, 2002

Kießling-Sonntag, Jochem: *Zielvereinbarungsgespräche,* Cornelsen Verlag Berlin, 2002

Kiefer, Bernd-Uwe & Knebel, Heinz: *Taschenbuch für Personalbeurteilung,* Verlag Recht und Wirtschaft, Heidelberg, 2004

Kohlmann-Scheerer, Dagmar: *Gestern Kollege – heute Vorgesetzter,* GABAL Verlag, Offenbach, 2004

Kratz, Hans-Jürgen: *Chef-Checkliste Mitarbeiterführung,* Metropolitan Verlag, Düsseldorf, 2003

Kratz, Hans-Jürgen: *Kontrollieren – aber wie?,* GABAL Verlag, Offenbach, 2000

Kratz, Hans-Jürgen: *Motivieren – aber wie?,* GABAL Verlag, Offenbach, 1999

Kratz, Hans-Jürgen: *30 Minuten für zielorientierte Mitarbeitergespräche,* GABAL Verlag, Offenbach, 2001

Kraus, Georg: *Managementbegriffe*, Haufe Verlag, Planegg b. München, 2005

Laufer, Hartmut: *99 Tipps für den erfolgreichen Führungsalltag*, Cornelsen Verlag, Berlin, 2005

Lehky, Maren: *Mitarbeitergespräche sicher und kompetent führen*, Eichborn Verlag, Frankfurt a. Main, 2003

Mahlmann, Regina: *Führungsstile flexibel anwenden*, Beltz Verlag, Weinheim, 2002

Maslow, Abraham H.: *Motivation und Persönlichkeit*, Rowohlt Taschenbuch Verlag, Reinbek bei Hamburg, 2002

Meier, Jürg: *Erfolgreiche Führungsgespräche*, GABAL Verlag, Offenbach, 2004

Mentzel, Wolfgang u. a.: *Mitarbeitergespräche*, Haufe Verlag, Planegg b. München, 2000

Motamedi, Susanne: *Konfliktmanagement*, GABAL Verlag, Offenbach, 1999

Nerdinger, Friedemann W.: *Erfolgreich führen*, Beltz Verlag, Weinheim, 2000

Neuberger, Oswald: *Das Mitarbeitergespräch*, Rosenberger Fachverlag, Leonberg, 2004

Oppermann-Weber, Ursula: *Mitarbeiterführung*, Cornelsen Verlag, Berlin, 2002

Rabey, Gordon P.: *Basiswissen für Führungskräfte*, Falken Verlag, Niedernhausen, 1997

Rosenstiel, Lutz von: *Motivation im Betrieb,* Rosenberger Fachverlag, Leonberg, 2001

Saul, Siegmar: *Führen durch Kommunikation,* Beltz Verlag, Weinheim, 1999

Schlick, Alexander u. a.: *Führen leicht gemacht,* Ueberreuter, Frankfurt/Wien, 2003

Schmitz, Lilo & Billen, Birgit: *Mitarbeitergespräche,* verlag moderne industrie, München, 2003

Sender, Ursula: *Führen mit Lob und Kritik,* Verlag Die Wirtschaft, Berlin, 1993

Sprenger, Reinhard K.: *Das Prinzip Selbstverantwortung,* Campus Verlag, Frankfurt/Main, 2004

Sprenger, Reinhard K.: *Mythos Motivation,* Campus Verlag, Frankfurt/Main, 2004

Sprenger, Reinhard K.: *Vertrauen führt,* Campus Verlag, Frankfurt/Main, 2004

Sprenger, Reinhard K.: *30 Minuten für mehr Motivation,* GABAL Verlag, Offenbach, 1999

Stroebe, Rainer W.: *Motivation,* Sauer-Verlag, Heidelberg, 2004

Ulrich, Friedrich: *Cheffing – Führen von unten,* Cornelsen Verlag, Berlin, 2005

von der Linde, Boris & von der Heyde, Anke: *Psychologie für Führungskräfte,* Haufe Verlag, Planegg b. München, 2002

Stichwörter